Claves del Licenciamiento Ambiental

Sector de Infraestructura

DIANA ZAPATA
MARCELA BAYONA

Una guía desde la concepción de un proyecto hasta su ejecución que evitará reprocesos y optimizará tiempos en el Licenciamiento Ambiental.

Diagramación
Giancarlo Rodríguez

Corrección de Estilo
Mariela Vargas O.

Copyright 2016
Aval Ambiental Empresarial S.A.S.
M&M Estudio Jurídico Ltda.

Impreso por CreateSpace

"A mi familia, a Maye y al grupo de M&M, a Diana y con cariño especial a mi gran ilusión"
Marcela Bayona

"A Víctor, mi complemento, mi inspiración de vida; a mis hijos Simón y Celeste que me enseñan cada día a ser mejor persona.

Gracias al equipo de trabajo de Aval, a Marcela por insistir en que era posible y a Liliana Mariño por sus correcciones y sugerencias siempre tan pertinentes"
Diana Zapata

ÍNDICE

PRÓLOGO _____ 13

INTRODUCCIÓN _____ 17

I. ETAPA DE PREFACTIBILIDAD DEL PROYECTO _____ 21
  1. INTEGRACIÓN DE LOS EQUIPOS TÉCNICOS Y
     SOCIOAMBIENTALES _____ 22

  2. REVISIÓN DE LOS REQUERIMIENTOS
     SOCIOAMBIENTALES QUE APLICAN AL PROYECTO _ 23
     2.1. Revisión de los requerimientos contractuales en
        materia ambiental y social _____ 23
     2.2. Levantamiento de información socioambiental
        relevante _____ 24
     2.2.1. Áreas ambientales sensibles _____ 26
     2.2.2. Áreas socialmente sensibles _____ 27
     2.2.3. Otros aspectos relevantes _____ 28
     2.3. Análisis de restricciones ambientales _____ 30
     2.4. Identificación de requerimientos previos _____ 31
     2.4.1. Requerimientos de Licencia Ambiental ____ 32
     2.4.2. Requerimientos de Diagnóstico Ambiental
         de Alternativas _____ 39
     2.4.3. Requerimientos de Sustracción de Reserva
         Forestal _____ 39
     2.4.4. Requerimientos de Levantamiento de Veda
         Nacional y/o Regional _____ 41
     2.4.5. Requerimientos por Superposición de Proyectos _ 42
     2.4.6. Requerimientos de Otras Autorizaciones
         del Orden Nacional, Regional o Local _____ 42

  3. ANÁLISIS DEL ORDENAMIENTO TERRITORIAL _____ 42

  4. ELABORACIÓN DE PRESUPUESTO SOCIOAMBIENTAL _ 44

  5. REVISIÓN DE REQUERIMIENTOS PARA LA
     FINANCIACIÓN _____ 46

II. ETAPA DE FACTIBILIDAD DEL PROYECTO 49

1. IMPLEMENTACIÓN DE LOS REQUISITOS
DEL CONTRATO DE CONCESIÓN 51

2. ELABORACIÓN DE ESTUDIOS AMBIENTALES 53
   2.1. Solicitud de pronunciamiento de no DAA 53
   2.2. Elaboración de Estudios de Diagnóstico Ambiental
   de Alternativas – DAA 54
   2.3. Elaboración del Estudio de Impacto Ambiental – EIA 56
   2.3.1. Permiso de estudio con fines de elaboración
   de estudios ambientales 59
   2.3.2. Sustracción de Área de Reserva Forestal
   o Áreas Protegidas 60
   2.3.3. Solicitud de levantamiento de veda 63
   2.3.4. Solicitud de aprobación del Plan de Manejo
   Arqueológico 64
   2.3.5. Solicitud de Certificación de presencia de grupos
   étnicos 66
   2.3.6. Realización de Consulta Previa 67
   2.3.6.1. Preconsulta 70
   2.3.6.2. Apertura 71
   2.3.6.3. Identificación de impactos y medidas de manejo 71
   2.3.6.4. Preacuerdo 71
   2.3.6.5. Protocolización 72
   2.3.7. Definición de actores relevantes en el proyecto 73
   2.3.8. Plan de Comunicaciones y Relacionamiento 75
   2.3.8.1. Relacionamiento con partes interesadas 75
   2.3.8.2. Estrategia de Comunicaciones y Relacionamiento 76

3. TRÁMITE DE LICENCIAMIENTO AMBIENTAL 77
   3.1. Documentos a radicar 77
   3.2. Procedimiento para el trámite de Licencia Ambiental 79
   3.2.1. Auto de Inicio 79
   3.2.2. Visita de evaluación al área del proyecto 79
   3.2.3. Audiencia de Requerimiento de información
   adicional 80
   3.2.4. Auto que declara reunida toda la información
   para decidir 80
   3.2.5. Órganos consultivos adicionales dentro del
   trámite de licenciamiento 80
   3.2.6. Resolución que decide el otorgamiento de la
   licencia ambiental 81
   3.2.7. Audiencia Pública 81

III. ETAPA DE EJECUCIÓN Y PUESTA EN MARCHA
DEL PROYECTO 85
1. Cumplimiento de la Licencia Ambiental 86
1.1. Ejecución del plan de Manejo ambiental 86
1.2. Ejecución del Plan de Inversión del 1 % 88
1.3. Ejecución del Plan de Compensación 89
1.4. Cumplimiento a los compromisos sociales y
        acuerdos de Consulta Previa 89
1.5. Implementación dl Plan de Contingencia 90
1.6. Ejecución del Plan de Desmantelamiento y
        Abandono 92

2. Ajustes al proyecto por Giro Ordinario o Cambio
        Menor 93

3. Modificación de la Licencia Ambiental 94

4. Actividades de Rehabilitación, Mejoramiento y
        Mantenimiento 97

CONSIDERACIONES FINALES 99

REFERENCIAS 101

ÍNDICE DE FIGURAS

Figura 1
Categorización de Áreas Protegidas _____ 26

Figura 2
Permisos para el uso y aprovechamiento de recursos
naturales _____ 36

Figura 3
Requerimientos a tener en cuenta para sustracción
de reserva forestal. _____ 40

Figura 4
Costos e inversiones ambientales a considerar
en el proyecto. _____ 45

Figura 5
Procedimiento para el Diagnóstico Ambiental de
Alternativas – DAA _____ 56

Figura 6
Trámite de sustracción de reserva forestal _____ 63

Figura 7
Esquema Programa de Arqueología Preventiva _____ 65

Figura 8
Fases previstas en el desarrollo de la Consulta Previa _____ 69

Figura 9
Flujograma de la etapa de Protocolización de Consulta Previa _ 73

Figura 10
Línea de tiempo Evaluación EIA _____ 79

Figura 11
Línea de tiempo Audiencia Pública _____ 83

Figura 12
Línea de tiempo Evaluación Modificación Licencia Ambiental _ 96

ÍNDICE DE CUADROS

Cuadro 1
Identificación de requerimientos previos para proyectos
de infraestructura. _____ 32

Cuadro 2
Proyectos del Sector marítimo y portuario que requieren
Licencia Ambiental _____ 33

Cuadro 3
Proyectos del Sector vial, fluvial y ferroviario que requieren
Licencia Ambiental _____ 34

Cuadro 4
Otros Proyectos que requieren Licencia Ambiental _____ 35

Cuadro 5
Requerimientos para el mejoramiento de proyectos
viales en el sector de infraestructura. _____ 37

Cuadro 6
Requerimientos para la rehabilitación de proyectos viales
en el sector de infraestructura. _____ 38

Cuadro 7
Requerimientos para el mantenimiento de proyectos
viales en el sector de infraestructura. _____ 38

Cuadro 8
Requerimientos para la construcción de proyectos en
el sector de infraestructura _____ 53

Cuadro 9
Descripción de los capítulos que debe contener el Estudio
de Impacto Ambiental (EIA) _____ 58

Cuadro 10
Requerimientos de Sustracción de Reserva Forestal _____ 63

Cuadro 11
Definición de fases y tipo de medidas a ejecutar _____ 65

Cuadro 12
Documentos a radicar en la solicitud de Licencias Ambientales 78

PRÓLOGO

Proponer una guía, un paso a paso, un método, es siempre eso, una propuesta que nos lleva a la sana crítica o al debate, y esta guía va más allá de la explicación del trámite legal, y expone un ejercicio de planificación ambiental para facilitar la viabilidad de los proyectos. Es claro que las empresas del sector de infraestructura que operan en Colombia o tengan planes futuros de hacerlo, buscan garantizar que se han tenido en cuenta todas las variables ambientales y sociales que aseguren el éxito del proyecto, en el marco del cumplimiento contractual y legal.

El proceso de licenciamiento ambiental implica una serie de etapas, procedimientos y trámites ante las autoridades nacionales y regionales, necesarios para asegurar que el proyecto logre prevenir al máximo los impactos ambientales o compensar aquellos que no puedan evitarse, y es aquí, en donde es fundamental aplicar las mejores prácticas empresariales, tecnológicas y ambientales que logren diferenciar las acciones del proyecto.

El contenido de este manual, abarca las medidas ambientales que se deben tener en cuenta para cada una de las etapas del proyecto, pre factibilidad (pre construcción.), factibilidad, construcción y operación, algunos aspectos relacionados con la financiación y los costos en inversión ambiental, el marco legal aplicable según cada proyecto y las particularidades del mismo, tips y claves, que en alguna medida, pueden servir para garantizan el éxito de la gestión ambiental.

Esta guía aborda el proyecto de infraestructura desde su etapa de prefactibilidad, que es el momento cuando los retos y necesidades ambientales deben considerarse de manera temprana, y depende de muchas variables, técnicas y de entorno, por lo cual, acá se presentan los pasos previos al inicio, para facilitar la toma de decisiones, pasando por la integración de los equipos sociales y ambientales, la contratación de los consultores y la identificación de los requerimientos socioambientales que les aplican, indicando cómo se abordarían las áreas sensibles, la existencia de áreas protegidas, la posible presencia de comunidades étnicas o afrodescendientes, entre otros factores.

Son muchas las exigencias y permisos, que según las características de la infraestructura a realizar le serán requeridas, ya sea por sustracción de áreas protegidas, por levantamiento de vedas, la necesidad o no de diagnóstico ambiental de alternativas, la necesidad o no de licencia ambiental, exigencia de procesos de consulta previa, por nombrar algunas.

Es bien sabido por todos los constructores e inversionistas, que Colombia al ser un país mega diverso y multicultural, requiere una revisión cuidadosa de los aspectos socioambientales, y en tal sentido, se debe buscar una gestión eficiente del territorio, que considere la existencia de otros proyectos presentes en el área, razón por la cual, la interacción con las autoridades nacionales, regionales y municipales, desde las etapas más tempranas, es definitiva.

Es así como este documento expone la presentación, análisis y recomendaciones para que una vez detallados los estudios a realizar, integrados los equipos e identificados los actores relevantes, se planten los requisitos para la factibilidad del proyecto, los cronogramas y la estrategia de financiación.

Además de los temas ambientales existen permisos y procesos que impactan los cronogramas como lo son la realización de consultas previas, la elaboración y aprobación de los planes de manejo arqueológico, y la obtención de las autorizaciones temporales para fuentes de materiales de construcción.

Ya entrando en el objetivo focal de la guía, se aborda el trámite de licenciamiento ambiental de una manera práctica y gráfica, indicando los tiempos probables para su obtención.

Logrado el objetivo de licenciamiento, lejos está el proyecto de desentenderse de los temas ambientales, y esta guía explica cuáles son los retos ambientales para la entrada en la etapa de ejecución y puesta en marcha de la construcción, yendo más allá del obvio cumplimiento que la licencia ambiental exige.

Se explica y desarrolla, cómo se puede modificar la licencia ambiental y qué temas de la construcción se pueden manejar por cambio menor o giro ordinario, lo más común, es que obtenido el instrumento de control ambiental respectivo, por las necesidades y dinámicas de la construcción, se requieran modificaciones, que previstas a tiempo, no afecten los cronogramas de obra, o por lo menos minimice sus impactos.

Estas claves ambientales, buscan ser una guía ejecutiva para los tomadores de decisión, este documento no busca ser un tratado ambiental, lo que buscan las autoras es aterrizar conceptos técnicos legales y ambientales a modo de guía, para construir una estrategia exitosa que le aporte a los proyectos y que los mantenga en operación.

Finalmente este manual, si bien se centra en los trámites de licencia ambiental, no desatiende las actividades de rehabilitación, mejoramiento y mantenimiento, indicando cuáles serán sus necesidades ambientales más relevantes.

Por ser la infraestructura el sector que está moviendo a nuestro país, se busca con estas claves, dejar un derrotero que en lo posible optimice tiempos y que contribuya a la eficiencia en la gestión contractual de este aspecto, que en últimas debe traducirse en casos exitosos de gestión ambiental para este importante sector.

La invitación a los gerentes, líderes de los proyectos, equipos ambientales, estructuradores y sector financiero, es a darle una revisión a esta guía, que seguramente se convertirá en una fuente de consulta, para ser usada desde el momento en el que se está pensando en realizar una inversión en un proyecto de infraestructura, hasta cuando el mismo se ejecuta e implementa

Será la crítica y el día a día de los proyectos, los que terminen por evaluar esta propuesta que me complace en presentar. Sin embargo, no me cabe duda que es un ejercicio que podrá resultar muy útil para nuestro sector.

JUAN MARTIN CAICEDO FERRER
Presidente Ejecutivo
Cámara Colombiana de Infraestructura

INTRODUCCIÓN

Concebir y operar proyectos con altos estándares ambientales y sociales, es la consigna. Sin ella no es posible lograr la sostenibilidad de un proyecto en el largo plazo, obtener las autorizaciones requeridas, acceder a créditos internacionales e incluso, lograr que el proyecto se integre en la dinámica de las comunidades y lo adopten como parte de su nueva realidad. Bajo esta premisa es donde se van incluyendo los requerimientos de Ley que se exigen en Colombia para ejecutar un proyecto, entre ellos, el proceso de licenciamiento ambiental con sus múltiples requerimientos que permiten evitar, prevenir, reducir, y/o mitigar los impactos ambientales presentes en su ejecución.

Por tanto, el licenciamiento ambiental es un medio para un fin, no es el fin en sí mismo y así lo entienden y asimilan los empresarios, gerentes, líderes de proyectos, inversionistas y demás ejecutores de proyectos.

La normatividad ambiental en Colombia es de las más antiguas de América Latina lo cual se evidencia con la expedición del Código Nacional de Recursos Naturales Decreto-Ley 2811 de 1974. Con posterioridad la Constitución Política de Colombia de 1991, realiza un desarrollo importante sobre los recursos naturales, estableciendo un derecho a gozar de un ambiente sano y generando un enfoque que respeta la diversidad y multiculturalidad de la nación.

En desarrollo de la Constitución se expidió la Ley 99 de 1993, que entre sus más importantes avances, crea el Ministerio de Medio Ambiente (hoy Ministerio de Ambiente y Desarrollo Sostenible), e incorpora el concepto de desarrollo sostenible, como aquel que permite aumentar la calidad de vida de los ciudadanos, generar crecimiento económico y bienestar social. De igual manera desarrolla la figura de la Licencia Ambiental como el instrumento de manejo y control ambiental para proyectos que generan deterioro grave al ambiente y que permite realizar evaluación y seguimiento a los proyectos.

En la actualidad la norma rectora de los procedimientos, trámites y permisos ambientales es el Decreto Único Reglamentario del Sector Ambiente y Desarrollo Sostenible número 1076 de 2015, que integra y compila las normas que son objeto de estudio en este Manual.

Este Manual presenta la información y actividades que deben considerarse en el orden en que se realiza un proyecto, desde su concepción hasta su ejecución así:
I. Prefactibilidad.
II. Factibilidad.
III. Ejecución y puesta en marcha.

Este Manual permitirá:
• Adoptar procesos estandarizados de planificación que permitan tener en consideración todos los requerimientos ambientales y sociales organizados en el tiempo y en armonía con el cronograma de ejecución del proyecto.

• Identificar los riesgos ambientales y sociales para el proyecto con el fin de proponer medidas que los eviten y minimicen

• Aumentar la eficiencia en todos los trámites previos que permita cumplir con los compromisos de entrega de las obras adquiridas con el Estado.

• Incorporar la gestión social y ambiental desde la etapa de planificación del proyecto.

• Crear identidad y coherencia en la actuación ambiental y social ante los grupos de interés.

I. ETAPA DE PREFACTIBILIDAD DEL PROYECTO

Buena parte del éxito o fracaso de un proyecto, radica en su planeación y es desde esta etapa en donde una vez identificado el lugar o posibles lugares en donde se pueda ubicar, debe iniciarse un proceso de planificación ambiental que busca identificar de manera preliminar, las principales variables socioambientales tendientes a viabilizar el mismo.

Para llevar a cabo el proceso de planificación socioambiental de un proyecto, se deben considerar los siguientes aspectos:

1. Integración de los equipos técnicos y socioambientales.
2. Revisión de los requerimientos socioambientales que aplican al proyecto.
   2.1. Revisión de los requerimientos contractuales en materia ambiental y social.
   2.2. Levantamiento de información socioambiental relevante.
   2.3. Análisis de restricciones ambientales.
   2.4. Identificación de requerimientos previos.
3. Análisis del ordenamiento territorial.
4. Elaboración del presupuesto socioambiental.
5. Revisión de requerimientos para la financiación.

En la etapa de prefactibilidad del proyecto, se busca valorar aquellos aspectos relevantes con el fin de determinar si es o no viable desde el punto de vista socioambiental.

1. INTEGRACIÓN DE LOS EQUIPOS TÉCNICOS Y SOCIOAMBIENTALES

La integración permite constituir un grupo interdisciplinario con conocimientos ambientales, sociales y técnicos que estudien, con el liderazgo de la Gerencia, las particularidades de un proyecto y planteen desde el principio, las oportunidades y amenazas en cada una de las decisiones fundamentales. En este momento se define la necesidad de asesoría externa en las áreas de especialidad.

La participación de los equipos socioambientales en la planeación de los detalles técnicos es parte fundamental para la toma de decisiones y permitirá levantar una línea base de información alrededor del proyecto que optimice el resultado final.

2. REVISIÓN DE LOS REQUERIMIENTOS SOCIOAMBIENTALES QUE APLICAN AL PROYECTO:

2.1. Revisión de los requerimientos contractuales en materia ambiental y social.

Dada la relevancia de los asuntos ambientales, en los últimos años el gobierno ha incluido en los contratos de obra, mayores obligaciones ambientales y sociales, así como la obtención temprana de las autorizaciones ambientales, con el fin de evitar retrasos en la ejecución de las obras, por cuanto una mala decisión o una decisión extemporánea en estos asuntos puede llevar a un incumplimiento contractual.

Para los proyectos de iniciativa privada de que trata la Ley 1508 de 2012 por medio de la cual se establece el régimen jurídico de las asociaciones público privadas, el componente ambiental es decisivo puesto que en su artículo 14[1], determina como requisito indispensable considerar la variable ambiental y social en su estructuración. El Decreto 1467 de 2012, que reglamentó la Ley en comento en lo que respecta a las iniciativas privadas[2], señala las exigencias ambientales en las diferentes etapas del proyecto.

Cuando el proyecto de infraestructura es ofertado por el Estado, se requiere que el inversionista revise en detalle los requerimientos mínimos ambientales y sociales establecidos en los pliegos de condiciones y especificaciones, detectando aquellos requisitos adicionales a la normatividad vigente que implicarán mayores erogaciones.

---

1. *"...Para la etapa de factibilidad, la iniciativa para la realización del proyecto deberá comprender: el modelo financiero detallado y formulado que fundamente el valor del proyecto, descripción detallada de las fases y duración del proyecto, justificación del plazo del contrato, análisis de riesgos asociados al proyecto, estudios de impacto ambiental, económico y social, y estudios de factibilidad técnica, económica, ambiental, predial, financiera y jurídica del proyecto...".*

2. **Decreto 1467 de 2012. Artículo 23.** *"**Etapa de Factibilidad.** En caso que, una iniciativa privada sea declarada de interés público, el originador de la propuesta deberá entregar el proyecto en etapa de factibilidad dentro del plazo establecido en la comunicación que así lo indicó. En la etapa de factibilidad se profundizan los análisis y la información básica con la que se contaba en etapa de prefactibilidad, mediante investigaciones de campo y levantamiento de información primaria, buscando reducir la incertidumbre asociada al proyecto, mejorando y profundizando en los estudios y ampliando la información de los aspectos técnicos, financieros, económicos, ambientales y legales del proyecto".*

Los pliegos de condiciones y especificaciones de una obra de infraestructura de iniciativa pública o privada, definen que los riesgos ambientales deben ser asumidos por el concesionario, lo cual debe considerarse en el análisis financiero del proyecto. Los contratos de concesión de cuarta generación establecen lo siguiente:

"La obtención del cierre financiero será por cuenta y riesgo del Concesionario y en nada limita, excluye o excusa su obligación de procurar la totalidad de los recursos necesarios para llevar a cabo todas las obligaciones del Contrato en los plazos y condiciones establecidos por el mismo, incluso si los Recursos de Deuda que requiera el Proyecto deben ser mayores a los comprometidos a través de Cierre Financiero"[3]

En esta fase de planeación es determinante definir con los constructores los tiempos y la forma en que tienen concebido el mismo, de cara a los tiempos de los contratos de concesión, de obra pública o para aquellos suscritos bajo el esquema de Asociación Público Privada-APP.

2.2. Levantamiento de información socioambiental relevante

A través de herramientas de *scouting* o diagnósticos socioambientales preliminares se busca identificar si en la zona donde se construirá el proyecto, existen restricciones socioambientales relevantes que inciden en la decisión de realizar el mismo en las condiciones inicialmente planteadas. Los procesos deben acompañarse de una revisión en sistemas de información geográfica que determinen de manera preliminar las condiciones socioambientales de la zona. El equipo interdisciplinario evaluará la información y definirá si es necesario hacer ajustes.

A nivel nacional existen una serie de herramientas Geográficas, como las ofrecidas por el Servicio Geológico de Colombia que generan e integran conocimientos y suministran, en forma automatizada y estandarizada, información sobre geología, recursos del subsuelo y amenazas geológicas. Otras como el Sistema de Información en Colombia (SIAC) y TREMARCTOS permiten acceder a información socioambiental para evaluar preliminarmente la vulnerabilidad y los posibles impactos que podrían generarse

---

3. Minuta Contrato de Concesión bajo el esquema de APP. Parte General

por la intervención y construcción de las obras de infraestructura, y detectar eventuales compensaciones que un determinado proyecto deberá asumir en su ejecución.

Estas herramientas permiten identificar las posibles afectaciones sobre áreas protegidas, ecosistemas naturales, biodiversidad sensible (asociada a especies amenazadas, migratorias y endémicas), páramos y reservas forestales, así como la vulnerabilidad del territorio frente al cambio climático y el impacto cultural y social asociado a la presencia de zonas arqueológicas y comunidades étnicas.

En este paso se analizan y determinan las restricciones ambientales y socioculturales para desarrollar el proyecto, obra o actividad. La empresa debe acopiar la información disponible de la zona por donde es probable que se localice el proyecto, con el objetivo de detectar, con la ayuda de un sistema de información geográfico, aquellos elementos que inciden en su localización. Una vez obtenido este insumo, es fundamental realizar las visitas correspondientes a la zona, con el fin de verificar en terreno la información obtenida de fuentes secundarias.

La información de visitas de campo, recolección de información primaria y secundaria permitirá:

- Tomar decisiones tempranas que consideren los aspectos que se deben incluir en el diseño del proyecto.
- Definir los estudios necesarios y su alcance.
- Definir costos, plazos y tiempos para la obtención de las autorizaciones previas al inicio del proyecto.
- Definir los aspectos generales a contemplar en el evento que se requiera financiación para la construcción del proyecto. (Cumplimiento de estándares IFC, Principios del Ecuador, Salvaguardas Ambientales BID, entre otros).
- Determinar los estudios requeridos para la adquisición futura de predios en caso de ser necesario.
- Definir de manera preliminar el área de influencia del proyecto.

Se considera información relevante la siguiente:

2.2.1. Áreas ambientalmente sensibles

Estas áreas hacen referencia a aquellos ecosistemas destinados a la conservación, preservación, restauración y uso sostenible e incluyen procesos ecológicos esenciales para asegurar el mantenimiento de la biodiversidad en distintos niveles y escalas, y soportar el desarrollo sostenible de las regiones y de las comunidades.

Dependiendo de la categoría de área protegida se condicionará total o parcialmente la ubicación del proyecto, obra o actividad, razón por la cual una vez identificadas, se debe proceder a definir la estrategia que permita la viabilidad del proyecto o incluso considerar alternativas de relocalización en el caso de áreas protegidas cuyo uso no sea compatible con el proyecto.

Dentro de estas áreas sensibles se encuentran las Áreas Protegidas[4], las cuales se categorizan de la siguiente manera:

Figura 1: Categorización de Áreas Protegidas

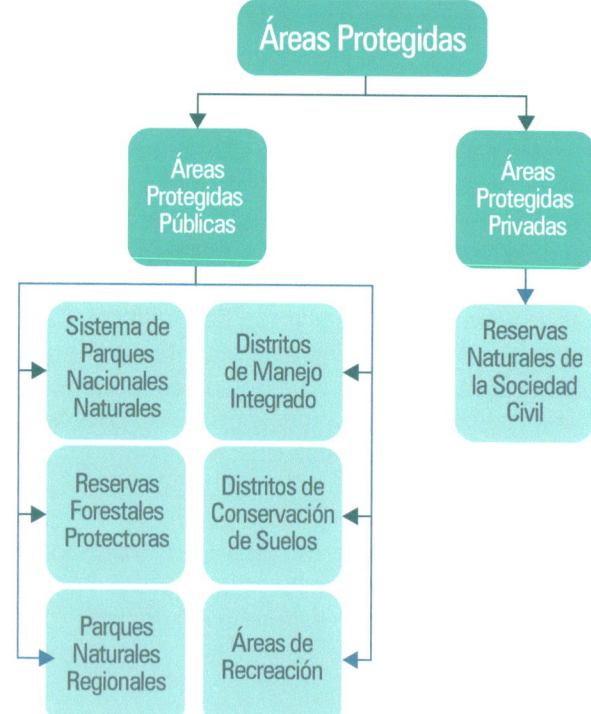

Igualmente se requiere considerar otras áreas de importancia ambiental como son humedales, ciénagas, páramos, reservas de la biosfera, que pueden restringir total o parcialmente la localización del proyecto en estas áreas o bien considerar medidas de manejo especiales que minimicen la intervención, adicionando compensaciones que respondan al grado de afectación de estas áreas siempre que sea permitido.

2.2.2. Áreas socialmente sensibles

Estas áreas hacen referencia no sólo a los asentamientos de poblaciones, sino también a las posibles comunidades étnicas con resguardos, parcialidades o asentadas en la zona, incluyendo las áreas donde realizan actividades propias de su cultura.[5]

---

4. **El Decreto Único Ambiental 1076 de 2015.** Capítulo 1, Áreas de Manejo Especial. Sección 1. Sistema Nacional de Áreas Protegidas. Artículo 2.2.2.1.1.2. Definiciones. Categorías de Manejo literal q) *"Un área protegida es un territorio de manejo especial para la conservación del ambiente y los recursos naturales renovables. Son espacios en los que se garantiza la vida en condiciones de bienestar, es decir, la conservación de la diversidad biológica y el mantenimiento de los procesos ecológicos necesarios para el desarrollo del ser humano".*

5. **La Constitución Política de 1991** estableció una especial protección y participación de las comunidades indígenas que se encuentran dentro del territorio colombiano, haciendo de estas no sólo una realidad fáctica y legal sino también un sujeto de derechos fundamentales. En lo concerniente al desarrollo de actividades de explotación de Recursos Naturales en áreas con presencia de comunidades indígenas la Carta política dispuso: *"Artículo 330. Tratándose de la explotación de recursos naturales, prevé que dicha explotación se hará sin desmedro de la integridad social, económica y cultural de las comunidades indígenas y además prevé la participación de los representantes de las comunidades en las decisiones que se adopten".*

Foto: Víctor Alzate

Dentro de los estudios previos para la realización de un proyecto se deberá efectuar un análisis y evaluación de los asentamientos de comunidades indígenas y negritudes teniendo en cuenta lo estipulado en el Decreto 1320 de 1998, en el cual se prevé la identificación de estas comunidades susceptibles de ser afectadas con el proyecto, asignando al Ministerio del Interior la función de certificar la presencia de las mismas y surtir el proceso de consulta previa si es el caso.[6]

2.2.3. Otros aspectos relevantes:

Es deseable contar con información de orden biótico, físico, social y cultural, la cual debe adicionarse a la información establecida anteriormente, y que permitirá contar con mayores elementos para la toma de decisiones.

Así, dependiendo de las particularidades del proyecto se podrá hacer énfasis en la recolección o no de la siguiente información adicional:

6. **Decreto 1320 de 1998**, por medio del cual se reglamenta la consulta previa.- Artículo 1º. Objeto. *"La consulta previa tiene por objeto analizar el impacto económico, ambiental, social y cultural que puede ocasionarse a una comunidad indígena o negra por la explotación de recursos naturales dentro de su territorio".*

o Aspectos generales:
- Verificación en campo del trazado preliminar del área del proyecto.
- Recopilación de la información básica y cartográfica, incluida información meteorológica.
- Análisis de la dimensión física, biótica y social.
- Identificación de las zonas homogéneas mediante fotointerpretación geológica.
- Evaluación geológica de las áreas de estudio con base en el análisis de la información recopilada y confirmada en la visita de campo.
- Levantamiento de información predial.

o Aspectos físicos:
- Posibles fuentes de agua para el proyecto.
- Zonas de alto riesgo natural establecidas a nivel nacional, regional y local.
- Zonas con pendiente excesiva, propensas a erosión.
- Zonas de elevada inestabilidad geológica.
- Zonas de inundación permanentes o estacionales.
- Evaluación de la batimetría conforme a los requerimientos del proyecto (en proyectos portuarios).

Foto: Víctor Alzate

o Aspectos Bióticos:
- Presencia de otros ecosistemas estratégicos en el POT o EOT del municipio.
- Existencia de zonas prioritarias reconocidas para la conservación de fauna a nivel regional y local.
- Existencia de corredores biológicos, zonas boscosas, bosques de galería.
- Presencia de especies endémicas de fauna y flora, especies amenazadas, en vía de extinción y/o protegidas por una legislación específica.

o Aspectos Socioculturales:
- Posibles reasentamientos debidos a la localización del proyecto para lo cual se deberá estudiar la distribución espacial de la población en el área de influencia, zonas de mayor densidad poblacional rural y urbana de acuerdo a la intensidad y calidad de la afectación.
- Sitios de reconocido interés histórico y cultural declarados como caminos reales, patrimonios históricos nacionales o patrimonios históricos de la humanidad.
- Sitios de interés arqueológico como parques arqueológicos o aquellos yacimientos arqueológicos que por la singularidad de sus contenidos culturales ameriten ser preservados para la posteridad.

2.3. Análisis de restricciones ambientales

Con la información recopilada en los pasos anteriores se realiza el análisis de restricciones ambientales, el cual permitirá evidenciar los aspectos de un proyecto que imposibilitan o restringen su desarrollo sobre un área geográfica determinada[7] así como las criticidades y posibilidades ambientales del proyecto. En este análisis es necesario considerar los sobrecostos en los cuales se puede incurrir para superar las restricciones ambientales siempre que sea posible. Estas incluso, en algunos casos, pueden poner en riesgo la viabilidad financiera del proyecto.

---

7. MARTINEZ, Gloria. Análisis de restricciones ambientales de la interconexión eléctrica Colombia – Panamá Tramo Colombiano. En : Revista CIER. No. 54; p. 12 – 13.

Con el análisis de restricciones ambientales, el equipo del proyecto debe revisar todos aquellos factores que puedan incidir directamente en el trazado, la ubicación y el diseño del proyecto, definiendo si es factible su construcción en las condiciones inicialmente planteadas, si es necesario realizar ajustes o incluso si el proyecto no es viable.

2.4. Identificación de requerimientos previos

En primer lugar se deben identificar aquellos permisos, concesiones, licencias y demás autorizaciones que se deben obtener previo al inicio de las obras, en especial aquellos que puedan incidir de manera determinante en los tiempos para la operación y puesta en marcha del proyecto.

A continuación se debe definir de manera preliminar si el proyecto va a requerir Consulta Previa, reasentamientos o cualquier otro proceso fundamental en materia social.

Foto: Víctor Alzate

El equipo de trabajo deberá identificar los requisitos previos, a partir del tipo de proyecto que se pretende desarrollar y teniendo en cuenta la legislación vigente. Como mínimo se deben listar aquellos requerimientos principales, que sin ser los únicos, son necesarios prever desde el inicio por cuanto inciden de manera determinante en los tiempos para la operación y puesta en marcha del proyecto.

Los mismos se encuentran en el siguiente cuadro:

Cuadro 1
Identificación de requerimientos previos para proyectos de infraestructura.

Pregunta	SI Requiere	NO Requiere
¿El proyecto requiere Licencia Ambiental?		
¿El proyecto requiere Diagnóstico Ambiental de Alternativas?		
¿El Proyecto requiere Sustracción de Reserva Forestal o de otra Categoría de Área Protegida?		
¿El proyecto requiere levantamiento de veda nacional o regional?		
¿El proyecto se superpone con otros proyectos licenciados?		
¿El proyecto requiere otras autorizaciones a nivel Nacional, Departamental o Regional?		
¿El proyecto requiere de autorizaciones temporales para la explotación de materiales de construcción?		

2.4.1. Requerimientos de Licencia Ambiental
El Decreto 1076 de 2015, establece las actividades que deben obtener Licencia Ambiental[8] previo al inicio de la construcción y operación del proyecto.

Se debe verificar si el proyecto en estudio, se encuentra listado en los proyectos, obras o actividades del sector de infraestructura que requieren Licencia Ambiental.

A continuación, se muestran los proyectos del sector de infraestructura que requieren Licencia Ambiental, junto con la autoridad ambiental competente para conocer del trámite.

Cuadro 2
Proyectos del Sector marítimo y portuario
que requieren Licencia Ambiental

Autoridad Ambiental ANLA	Autoridad Ambiental CAR
La construcción o ampliación y operación de puertos marítimos de gran calado.	La construcción o ampliación y operación de puertos marítimos que no sean de gran calado.
Los dragados de profundización de los canales de acceso a puertos marítimos de gran calado.	Los dragados de profundización de los canales de acceso a puertos marítimos que no sean considerados como de gran calado.
La estabilización de playas y de entradas costeras.	La ejecución de obras privadas relacionadas con la construcción de obras duras (rompeolas, espolones, construcción de diques) y de regeneración de dunas y playas.

En cuanto a la construcción de segundas calzadas, si bien la norma establece que requiere Licencia Ambiental, cuando el proyecto no genere deterioro grave a los recursos naturales renovables se puede justificar ante la autoridad para que lo considere como una actividad de mejoramiento que no requiere Licencia Ambiental.[9]

---

8. **Decreto 1076 de 2015.** Artículo 2.2.2.3.1.3. Concepto y alcance de la licencia ambiental: *"La licencia ambiental, es la autorización que otorga la autoridad ambiental competente para la ejecución de un proyecto, obra o actividad, que de acuerdo con la ley y los reglamentos, pueda producir deterioro grave a los recursos naturales renovables o al medio ambiente o introducir modificaciones considerables o notorias al paisaje; la cual sujeta al beneficiario de esta, al cumplimiento de los requisitos, términos, condiciones y obligaciones que la misma establezca en relación con la prevención, mitigación, corrección, compensación y manejo de los efectos ambientales del proyecto, obra o actividad autorizada.*
La licencia ambiental llevará implícitos todos los permisos, autorizaciones y/o concesiones para el uso, aprovechamiento y/o afectación de los recursos naturales renovables, que sean necesarios por el tiempo de vida útil del proyecto, obra o actividad".

Cuadro 3
Proyectos del Sector vial, fluvial y ferroviario que requieren Licencia Ambiental

Actividad	Autoridad Ambiental ANLA		Autoridad Ambiental CAR
Actividad Proyectos de red vial nacional (Obras Públicas).	a. La construcción de carreteras, incluyendo puentes y demás infraestructura asociada a la misma.	Proyectos en la red vial secundaria y terciaria	a. La construcción de carreteras, incluyendo puentes y demás infraestructura asociada a la misma.
	b. La construcción de segundas calzadas, salvo lo dispuesto en el parágrafo 2 del artículo 1° del Decreto 769 de 2014.		b. La construcción de segundas calzadas, salvo lo dispuesto en el parágrafo 2 del artículo 1° del Decreto 769 de 2014.
	c. La construcción de túneles con sus accesos.		c. La construcción de túneles con sus accesos.
Proyectos en la red fluvial nacional (Obras Públicas).	a. La construcción y operación de puertos públicos.	Proyectos de obras de carácter privado en la red fluvial nacional.	a. La construcción y operación de puertos públicos.
	b. Rectificación de cauces, cierre de brazos, meandros y madreviejas.		b. Rectificación de cauces, cierre de brazos, meandros y madreviejas.
	c. La construcción de espolones.		c. La construcción de espolones.
	d. Desviación de cauces en la red fluvial.		d. Desviación de cauces en la red fluvial.
	e. Los dragados de profundización en canales navegables y en áreas de deltas.		e. Los dragados de profundización en canales navegables y en áreas de deltas.
Proyectos Vías Férreas (Obras Públicas)	La construcción de vías férreas y/o variantes de la red férrea nacional tanto pública como privada.	Proyectos Vías Férreas	La construcción de vías férreas y/o variantes de la red férrea nacional tanto pública como privada.
Proyectos de obras marítimas (Obras Públicas)	La construcción de obras marítimas duras (rompeolas, espolones, construcción de diques) y regeneración de dunas y playas.		

9. **Decreto 1076 de 2015.** ARTÍCULO 2.2.2.5.1.1. Parágrafo 1.- *"La construcción de segundas calzadas, la construcción de túneles con sus accesos o la construcción de carreteras incluyendo puentes y demás infraestructura asociada a la misma requerirán de la correspondiente licencia ambiental."* Parágrafo 2.- *"No obstante, el parágrafo anterior, las segundas calzadas podrán ser consideradas como actividades mejoramiento, en aquellos eventos en que la autoridad ambiental así lo determine. Para el efecto, el titular deberá allegar ante la autoridad ambiental competente un documento en el que de acuerdo con los impactos que este pueda generar, justifique las razones por las cuales la ejecución del mismo no genera deterioro grave a los recursos naturales renovables o al medio ambiente o introducir modificaciones considerables o notorias al paisaje. La autoridad ambiental en un término máximo de veinte (20) días hábiles contados a partir de la fecha de radicación de la solicitud deberá emitir mediante oficio, el correspondiente pronunciamiento".*

Cuadro 4
Otros Proyectos que requieren Licencia Ambiental

Autoridad Ambiental ANLA	Autoridad Ambiental CAR
La construcción y operación de aeropuertos internacionales y de nuevas pistas en los mismos.	La construcción y operación de aeropuertos del nivel nacional y de nuevas pistas en los mismos.
La construcción y operación de distritos de riego y/o de drenaje con coberturas superiores a 20.000 hectáreas.	La construcción y operación de distritos de riego y/o drenaje para áreas mayores o iguales a cinco mil (5.000) hectáreas e inferiores o iguales a veinte mil (20.000) hectáreas.
Los proyectos que afecten las Áreas del Sistema de Parques Nacionales Naturales.	Los proyectos, obras o actividades que afecten las áreas del Sistema de Parques Regionales Naturales por realizarse al interior de estas, en el marco de las actividades allí permitidas.
Los proyectos, obras o actividades de construcción de infraestructura o agroindustria que se pretendan realizar en las áreas protegidas públicas nacionales de que trata el presente decreto o distintas a las áreas de Parques Nacionales Naturales, siempre y cuando su ejecución sea compatible con los usos definidos para la categoría de manejo respectiva.	Los proyectos, obras o actividades de construcción de infraestructura o agroindustria que se pretendan realizar en las áreas protegidas públicas regionales de que trata el Decreto 2372 de 2010 distintas a las áreas de Parques Regionales Naturales, siempre y cuando su ejecución sea compatible con los usos definidos para la categoría de manejo respectiva.[12]
	La construcción y operación de instalaciones cuyo objeto sea el almacenamiento, tratamiento, aprovechamiento, recuperación y/o disposición final de residuos o desechos peligrosos, y la construcción y operación de rellenos de seguridad para residuos hospitalarios en los casos en que la normatividad sobre la materia lo permita.
	La construcción y operación de instalaciones cuyo objeto sea el almacenamiento, tratamiento, aprovechamiento (recuperación/reciclado) y/o disposición final de Residuos de Aparatos Eléctricos y Electrónicos (RAEE) y de residuos de pilas y/o acumuladores.
	La construcción y operación de plantas cuyo objeto sea el aprovechamiento y valorización de residuos sólidos orgánicos biodegradables mayores o iguales a veinte mil (20.000) toneladas/año.
	La construcción y operación de rellenos sanitarios; no obstante, la operación únicamente podrá ser adelantada por las personas señaladas en el artículo 15 de la Ley 142 de 1994.
	La construcción y operación de sistemas de tratamiento de aguas residuales que sirvan a poblaciones iguales o superiores a doscientos mil (200.000) habitantes.

Los proyectos de infraestructura que no se encuentran listados en el cuadro anterior, pueden requerir permisos ambientales en el evento de demandar el uso y/o aprovechamiento de recursos naturales. Es el caso de los proyectos de rehabilitación, mejoramiento y construcción de edificaciones no incluidas en el Decreto 1076 de 2015.

Para cada fase del proyecto, es necesario establecer qué tipo de autorizaciones se requieren y generar los cronogramas respectivos. Estas autorizaciones cambian en según su naturaleza y por tanto, se vuelve relevante analizar caso a caso, puesto que las diferencias entre los proyectos generan unas particularidades normativas que también los distinguen.

Los permisos para el uso y aprovechamiento de recursos naturales, así como las demás autorizaciones ambientales se deben solicitar de manera individual, ante la autoridad ambiental competente, de acuerdo con lo siguiente:

Figura 2:
Permisos para el uso y aprovechamiento
de recursos naturales

- Permiso de concesión de agua superficial
- Permiso de exploracion de aguas subterráneas
- Permiso de concesión de aguas subterráneas
- Permiso de vertimiento
- Permiso de aprovechamiento forestal
- Permiso de ocupación de cauce
- Permiso de emisiones atmosféricas

Para el caso de los proyectos viales, es necesario tener en cuenta que algunas actividades de este sector no requieren Licencia Ambiental sino la obtención de permisos ambientales que como ya se explicó, se deben solicitar uno a uno a la Autoridad Ambiental Competente de la región en donde se va a hacer uso del recurso.

En el siguiente cuadro se presentan los requerimientos más importantes de un proyecto, en sus diferentes fases de construcción, mejoramiento, y mantenimiento.

Cuadro 5
Requerimientos para el mejoramiento
de proyectos viales en el sector de infraestructura.

Tipo de proyecto	Mejoramiento			
Trámite	Requiere	Marco legal	Entidad	Observaciones
Licencia Ambiental	NO	Art. 2.2.2.5.1.1. Decreto 1076 de 2015.	ANLA/CAR	En caso de que las actividades de mejoramiento se realicen dentro de áreas SINAP, se deberá tramitar licencia ambiental, según el Art 2.2.2.5.4.4. del Decreto 1076 de 2015.
PAGA	SI	Art. 2.2.2.5.4.3. Decreto 1076 de 2015.	-	
Permiso de emisiones	SI	Art. 2.2.5.1.7.2. Decreto 1076 de 2015	CAR	Solo si el proyecto tiene la infraestructura de la que habla el artículo en mención.
Concesión de aguas	SI	Art. 2.2.3.2.9.1. Decreto 1076 de 2015.	CAR	Solo si el proyecto de mejoramiento requiere el uso de agua de origen natural.
Permiso de vertimientos	SI	Art. 2.2.3.2.20.2. Decreto 1076 de 2015.	CAR	Solo si el vertimiento de mejoramiento requiere verter agua.
Permiso de ocupación	SI	Art. 2.2.3.2.12.1 Decreto 1076 de 2015.	CAR	Solo si el proyecto de mejoramiento requiere ocupar cauces.
Aprovechamiento forestal	SI	Art. 2.2.1.1.5.1. Decreto 1076 de 2015.	CAR	Solo si el proyecto de mejoramiento lo requiere.
Consulta previa	SI	Art. 15 Decreto 1320 de 1998.	MININTERIOR	Solo si se van a solicitar permisos para el uso y/o aprovechamiento de recursos en áreas con presencia certificada de comunidades indígenas y/o negras.
Autorización ICANH	SI	Art. 7 Ley 1185 de 2008.	ICANH	En los casos en que se realicen actividades que impliquen movimiento de tierras relacionadas con proyectos de infraestructura vial.

Cuadro 6
Requerimientos para la rehabilitación
de proyectos viales en el sector de infraestructura.

Tipo de proyecto	Rehabilitación			

Trámite	Requiere	Marco legal	Entidad	Observaciones
Licencia Ambiental	NO	Art. 2.2.2.5.1.1. Decreto 1076 de 2015.	ANLA/CAR	-
PAGA	SI	Art. 2.2.2.5.4.3. Decreto 1076 de 2015.	-	-
Permiso de emisiones	SI	Art. 2.2.5.1.7.2. Decreto 1076 en 2015	CAR	Solo si el proyecto tiene la infraestructura de la que habla el artículo en mención.
Concesión de aguas	SI	Art. 2.2.3.2.9.1. Decreto 1076 de 2015.	CAR	Solo si el proyecto de rehabilitación requiere el uso de agua de origen natural.
Permiso de vertimientos	SI	Art. 2.2.3.2.20.2. Decreto 1076 de 2015.	CAR	Solo si el vertimiento de rehabilitación requiere verter agua.
Permiso de ocupación	SI	Art. 2.2.3.2.12.1 Decreto 1076 de 2015.	CAR	Solo si el proyecto de rehabilitación requiere ocupar cauces.
Aprovechamiento forestal	SI	Art. 2.2.1.1.5.1. Decreto 1076 de 2015.	CAR	Solo si el proyecto de rehabilitación lo requiere.
Consulta previa	SI	Art. 15 Decreto 1320 de 1998.	MININTERIOR	Solo si se van a solicitar permisos para el uso y/o aprovechamiento de recursos en áreas con presencia certificada de comunidades indígenas y/o negras.
Autorización ICANH	SI	Art. 7 Ley 1185 de 2008.	ICANH	En los casos en que se realicen actividades que impliquen movimiento de tierras relacionadas con proyectos de infraestructura vial.

Cuadro 7
Requerimientos para el mantenimiento
de proyectos viales en el sector de infraestructura.

Tipo de proyecto	Mantenimiento			

Trámite	Requiere	Marco legal	Entidad	Observaciones
Licencia Ambiental	NO	Art. 2.2.2.5.1.1. Decreto 1076 de 2015.	ANLA/CAR	En caso de que las actividades de mejoramiento se realicen dentro de áreas SINAP, se deberá tramitar licencia ambiental, según el Art 2.2.2.5.4.4. del Decreto 1076 de 2015.
PAGA	SI	Art. 2.2.2.5.4.3. Decreto 1076 de 2015.	-	-
Permiso de emisiones	NO	Art. 2.2.5.1.7.2. Decreto 1076 en 2015	CAR	A menos que el proyecto requiera la infraestructura de la que habla el artículo en mención.
Concesión de aguas	NO	Art. 2.2.3.2.9.1. Decreto 1076 de 2015.	CAR	A menos que el proyecto de mantenimiento requiera el uso de agua de origen natural.
Permiso de vertimientos	NO	Art. 2.2.3.2.20.2. Decreto 1076 de 2015.	CAR	A menos que el proyecto de mantenimiento requiera verter agua.
Permiso de ocupación	NO	Art. 2.2.3.2.12.1 Decreto 1076 de 2015.	CAR	A menos que el proyecto de mantenimiento lo requiera.
Aprovechamiento forestal	NO	Art. 2.2.1.1.5.1. Decreto 1076 de 2015.	CAR	A menos que el proyecto de mantenimiento lo requiera.
Consulta previa	NO	Art. 15 Decreto 1320 de 1998.	MININTERIOR	A menos que se soliciten permisos para el uso y/o aprovechamiento de recursos en áreas con presencia certificada de comunidades indígenas y/o negras.
Autorización ICANH	NO	Art. 7 Ley 1185 de 2008.	ICANH	En los casos en que se realicen actividades que impliquen movimiento de tierras relacionadas con proyectos de infraestructura vial.

2.4.2. Requerimientos de Diagnóstico Ambiental de Alternativas

Un proyecto puede requerir Diagnóstico Ambiental de Alternativas y Licencia Ambiental, sólo Licencia Ambiental o ninguna de las anteriores, en cuyo caso generalmente requiere permisos para el uso y aprovechamiento de los recursos naturales específicos que se van a utilizar.

En este sentido, es necesario identificar en cuál de estas situaciones está enmarcado el proyecto para prever el tiempo necesario en la obtención de permisos.

Una vez se verifica que el proyecto es sujeto de licenciamiento ambiental, se debe analizar si también requiere Diagnóstico Ambiental de Alternativas – DAA, conforme a lo señalado en el Decreto 1076 de 2015.

Si el proyecto se encuentra dentro de aquellos enunciados taxativamente, se debe proceder a solicitar ante la autoridad ambiental competente sobre la necesidad de presentar dicho estudio.

De acuerdo con el Decreto 1076 de 2015. Artículo 2.2.2.3.4.2., los siguientes proyectos, obra o actividades del sector de infraestructura deben elevar consulta a la autoridad ambiental para que emita su pronunciamiento sobre la necesidad o no de la elaborar el Diagnóstico Ambiental de Alternativas – DAA :

- La construcción de puertos.
- La construcción de aeropuertos.
- La construcción de carreteras, los túneles y demás infraestructura asociada de la red vial nacional, secundaria y terciaria.
- La construcción de segundas calzadas.
- La ejecución de obras en la red fluvial nacional salvo los dragados de profundización.
- La construcción de vías férreas y variantes de estas.

2.4.3. Requerimientos de Sustracción de Reserva Forestal

Con el diagnóstico socioambiental es posible determinar si se requerirá de la sustracción temporal o definitiva de un área de reserva forestal, trámite que se debe realizar previo a la licencia o en conjunto con ella; sin embargo, se debe considerar que la Licencia Ambiental no podrá ser otorgada sin la previa autorización de sustracción del área de reserva forestal[10]. Si en la zona existe presencia de comunidades indígenas o negras, se deberá realizar el proceso de Consulta Previa y entregar a la autoridad ambiental competente el Acta de Protocolización, con el fin de que ésta pueda pronunciarse respecto a la sustracción[11].

En la siguiente figura se presenta el orden en que deben ser realizados los procesos con el fin de optimizar tiempos de trámite.

Figura 3
Requerimientos a tener en cuenta para sustracción de reserva forestal.

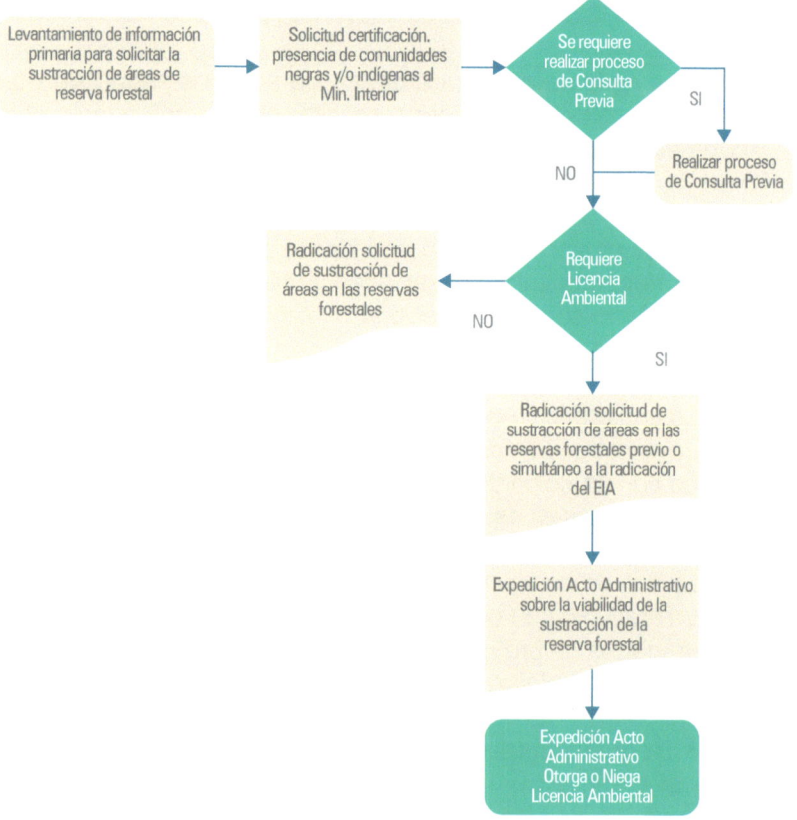

Es necesario considerar las diferentes categorías de protección que se presentan en el área de estudio para definir si son susceptibles o no de sustracción, se deberán incluir algunas categorías regionales establecidas por la Autoridades Ambientales.

La Autoridad Ambiental Competente definirá si con base en las medidas de manejo o de compensación presentadas por el interesado y teniendo en cuenta el grado de conservación y la importancia ecosistémica de la zona, es posible autorizar la sustracción.

2.4.4. Requerimientos de Levantamiento de Veda Nacional y/o Regional

Con el diagnóstico socioambiental, la revisión de información secundaria y la verificación en campo, es posible determinar si en el área del proyecto se encuentran especies epífitas catalogadas como especies en veda de carácter nacional o regional, para lo cual se deberá tener en cuenta que es necesario realizar el respectivo trámite de levantamiento de veda ante la autoridad competente, e incluir en el presupuesto del proyecto los costos de compensación asociados a dicha actividad.

Es posible que en la etapa de factibilidad del proyecto, durante la realización de la caracterización ambiental de la zona, se identifique la existencia de epífitas y demás especies en veda que no fueron identificadas mediante la revisión de información secundaria y que requerirán ser incluidas, con el propósito de evitar contratiempos en la obtención de la Licencia Ambiental o el inicio de obras, en especial considerando que esta no podrá ser otorgada sin contar

---

10. **Resolución 1526 de 2012.** Artículo 6. Parágrafo 2. *"Cuando se trate de una actividad que requiera de la obtención de licencia ambiental, el trámite de sustracción del área de reserva forestal se realizará de manera simultánea. Sin embargo, la licencia ambiental no podrá ser otorgada sin haberse efectuado previamente la sustracción del área de reserva forestal".*

11. **Resolución 1526 de 2012.** Artículo 6. Parágrafo 2. *"Cuando se certifique la presencia de comunidades indígenas o negras tradicionales o la existencia de territorios indígenas o tierras tituladas colectivamente a las comunidades negras, en el área objeto de la solicitud de sustracción, el interesado deberá realizar el proceso de consulta previa de conformidad con lo dispuesto en la Ley 21 de 1991 y demás normas que regulen la materia. En todo caso, la decisión de la solicitud de sustracción del área de reserva, sólo se definirá hasta tanto se culmine con el procedimiento de consulta previa y se entregue a la autoridad ambiental competente el acta de protocolización respectiva, emitida por el Ministerio del Interior".*

previamente con la autorización que concede su levantamiento[12].

2.4.5. Requerimientos por Superposición de Proyectos
Es posible que existan proyectos licenciados que se superpongan el área de interés de la compañía, por lo que es necesario identificarlos de manera previa con el fin de estudiar su coexistencia.

Para esto se debe solicitar información a las autoridades ambientales sobre los proyectos licenciados en el área de influencia del proyecto. De igual manera es recomendable consultar los títulos mineros otorgados por la ANI y demás autoridades delegadas, los contratos de concesión E&P o TEA's otorgados por la ANH, los contratos de concesión portuaria otorgados por la ANI o por Cormagdalena y los proyectos de tipo municipal y regional.

2.4.6. Requerimientos de Otras Autorizaciones del Orden Nacional Regional o Local
Identificar por parte de las áreas encargadas en la Compañía, la necesidad de adelantar otros permisos como concesiones, permisos de construcción, permisos ante la gobernación o alcaldía, entre otros, para efectos de adelantar el trámite en el momento oportuno.

3. ANÁLISIS DEL ORDENAMIENTO TERRITORIAL
El entendimiento del ordenamiento del territorio permite buscar las mejores estrategias para la integración del proyecto a la región, reduciendo las externalidades y proyectando el crecimiento planificado y ordenado de la región.

En este proceso se analiza el uso de los posibles predios que utilizará el proyecto, el impacto de sus actividades en la dinámica poblacional, la estructura ecológica principal de la región y sus servicios ecosistémicos[13], así como las restricciones que pueden presentarse a nivel municipal y que se encuentran establecidas en los Planes o Esquemas de Ordenamiento Territorial propios de cada municipio.

---

12. **Decreto 1076 de 2015** Artículo 2.2.2.3.6.3. Parágrafo 5. *"Cuando el proyecto, obra o actividad requiera la sustracción de un área de reserva forestal o el levantamiento de una veda, la autoridad ambiental no podrá dar aplicación al numeral 5° del presente artículo, hasta tanto el solicitante allegue copia de los actos administrativos, a través de los cuales se concede sustracción o el levantamiento de la veda".*

Con base en este análisis, se plantean las principales acciones en las que el proyecto debería invertir para garantizar la extensión y permanencia de los servicios ambientales, así como el ajuste progresivo de la región a la nueva realidad que generará el proyecto en caso de ejecutarse.

Con el diagnóstico predial se pretende realizar un análisis preliminar de la propiedad de la tierra, su forma de tenencia, el tamaño de los predios, sus coberturas y de otro lado conocer los actores relevantes en caso de que el proyecto requiera la adquisición de predios. Con esta información se plantea una primera estrategia de valoración económica y de negociación predial que tenga en cuenta los actores identificados y la forma de interactuar con ellos.

En cuanto al entendimiento de la dinámica de las comunidades en donde posiblemente se ubicará el proyecto, es necesario considerar el análisis de las formas de relacionamiento, las costumbres, modo de vida, las condiciones socioeconómicas y demás aspectos que permitan acercarse a ellas para construir confianza y desarrollar un proyecto incluyente que incida en la calidad de vida de sus habitantes.

Si el proyecto contempla procesos de reasentamiento se deben caracterizar ex ante los puntos críticos para identificar zonas potenciales de posibles reasentamientos, teniendo en cuenta su grado de cohesión socioeconómica, adaptación al cambio climático y los servicios ecosistémicos de provisión, regulación y soporte de estas zonas.

En este momento se hace necesario revisar los planes de gobierno de los municipios y departamentos en los cuales se ubicará el proyecto con el fin de detectar posibles oportunidades y amenazas. De igual manera, se debe verificar que el proyecto sea compatible con los usos de suelo definidos en los planes o esquemas de ordenamiento territorial.

---

13. Analizar con métodos de valoración ecológica económica, las pérdidas y ganancias residuales para tener en cuenta en la contabilidad de los activos y pasivos ambientales con el propósito de estructurar y gestionar las compensaciones obligatorias, acciones voluntarias y agregadas. Se recomienda, entre otros, revisar metodologías y lineamientos establecidos por la International Association for Impact Assessment-IAIA, IFC, Business and Biodiversity Offsets Programe-BBOP, Pacto Global, y Global Reporting Initiative–GRI.

En caso de que el proyecto sea declarado como de utilidad pública e interés social, no le son oponibles las determinaciones establecidas a nivel territorial como lo señala el decreto 2201 de 2003, que reglamento la Ley 388 de 1997.[14]

Es esencial que se considere una visión holística del territorio donde se va a desarrollar el proyecto con el fin de asegurar su compatibilidad con la estructura ecológica principal de la zona, con los usos del territorio y con la dinámica de sus poblaciones, para construir un proyecto sostenible en el largo plazo.

4. ELABORACION DE PRESUPUESTO SOCIOAMBIENTAL

Como parte fundamental de esta etapa de Prefactibilidad, se requiere construir el presupuesto de los costos e inversiones ambientales requeridos para la ejecución del proyecto que permita incluir estas variables desde los análisis tempranos del proyecto y sirvan como herramienta en la toma de decisiones sobre su viabilidad.

En el siguiente gráfico se presentan algunos de los aspectos más representativos que deben ser considerados en términos económicos; al respecto es importante recalcar que de acuerdo con las particularidades del proyecto se pueden considerar otros aspectos o descartar aquellos que no aplican:

---

14. Artículo 1º. *"Los proyectos, obras o actividades considerados por el legislador de utilidad pública e interés social cuya ejecución corresponda a la Nación, podrán ser adelantados por esta en todo el territorio nacional, de manera directa o indirecta a través de cualquier modalidad contractual, previa la expedición de la respectiva licencia o del correspondiente instrumento administrativo de manejo y control ambiental por parte de la autoridad ambiental correspondiente"*

Figura 4:
Costos e inversiones ambientales a considerar en el proyecto.[15]

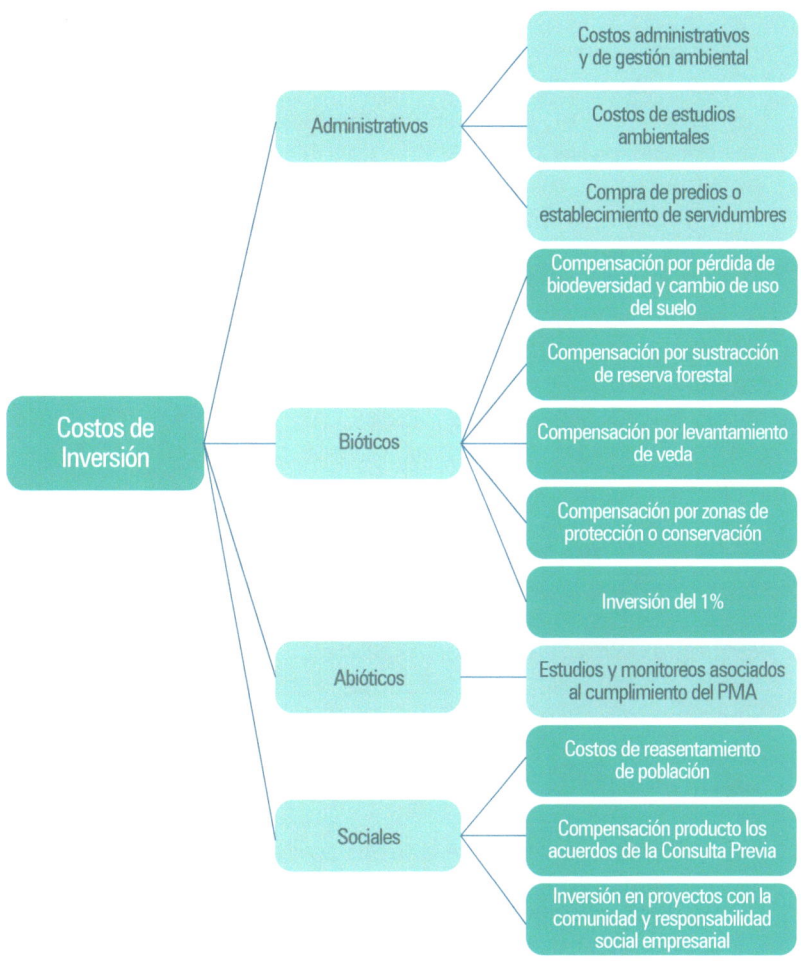

---

15. Para el cálculo de compensaciones por perdida de biodiversidad se utiliza la **Resolución No. 1517 de 2012** que en su articulo primero adopta el Manual para la Asignación de Compensaciones por Pérdida de Biodiversidad.
De igual manera para el cálculo de la inversión del 1% se aplica lo establecido en el **Decreto 1076 de 2015** en su artículo 2.2.9.3.1.1. y siguientes.

5. REVISIÓN DE REQUERIMIENTOS PARA LA FINANCIACIÓN

Existen una serie de salvaguardas ambientales y sociales que deben ser cumplidas con el fin de acceder a recursos financieros de entidades como el Banco Interamericano de Desarrollo (BID), el Banco Mundial y la CAF, entre otros.

Estas salvaguardas contemplan la definición y cumplimiento de medidas de mitigación encaminadas a prevenir, minimizar, evitar, o en última instancia compensar, bien sea a las comunidades o al medio ambiente. Las medidas contemplan actividades de evaluación y gestión de los riesgos e impactos ambientales y sociales, eficiencia en el uso de los recursos naturales, prevención de la contaminación, trato justo con los trabajadores, prevención de los riesgos en términos de salud y seguridad para las comunidades afectadas, prevención de desplazamientos y desalojos forzosos, promoción del manejo sostenible de los recursos naturales, participación de las comunidades indígenas y negritudes, así como la implementación de medidas que promuevan la protección y conservación del patrimonio cultural.

La información solicitada por las Autoridades Ambientales en Colombia para otorgar la respectiva Licencia Ambiental a los proyectos de infraestructura da cumplimiento a varios de los requerimientos de la Banca Multilateral, razón por la cual se deben realizar una serie de actividades o procedimientos adicionales encaminados al cumplimiento total de las salvaguardas ambientales, con el fin de facilitar la atracción de flujos de capitales de la banca multilateral, hacia las instituciones financieras nacionales.

En este sentido, se deberá contemplar desde el principio, el cumplimiento de las salvaguardas ambientales y sociales de entidades como el Banco Interamericano de Desarrollo (BID), el Banco Mundial y la CAF, u otras prácticas de excelencia ambiental y social que consecuentemente permitan tener acceso a recursos internacionales y la atracción de flujos de capital.

II. ETAPA DE FACTIBILIDAD DEL PROYECTO

Una vez definida la viabilidad del proyecto en la etapa de prefactibilidad, se deben iniciar todas las acciones tendientes al licenciamiento ambiental y demás autorizaciones necesarias para su construcción y puesta en marcha. Esta etapa es crítica porque por lo general los tiempos son reducidos y los cronogramas de licenciamiento deben coincidir con los tiempos establecidos en los contratos de concesión o bien, con los establecidos por los inversionistas conforme con sus expectativas y compromisos.

De allí la importancia de considerar todos los aspectos en materia ambiental y social que aplican al proyecto e incluirlos en los cronogramas de ejecución, para evitar reprocesos y costos innecesarios en el evento en que se omita alguno de estos aspectos o no se realicen en el momento oportuno.

Es fundamental contar por lo menos con los diseños conceptuales del proyecto, que permitan iniciar los estudios ambientales para obtener las autorizaciones definitivas, mientras se avanza en un mayor detalle técnico. De igual manera se debe contar con la información básica suficiente que permita dimensionar los principales aspectos o impactos socioambientales del proyecto. La suficiencia en la información depende del tipo de proyecto de infraestructura que se requiere licenciar, no obstante, el equipo de trabajo deberá sincronizar la entrega de información detallada, que permita avanzar en los estudios ambientales al tiempo que se avanza en el diseño del proyecto.

Para llevar a cabo esta etapa se deben cumplir los siguientes pasos:
1. Implementación de los Requisitos del Contrato de Concesión.
2. Elaboración de Estudios Ambientales.
2.1. Solicitud de pronunciamiento de No DAA.
2.2. Elaboración de Diagnóstico Ambiental de Alternativas - DAA.
2.3. Elaboración de Estudio de Impacto Ambiental - EIA.
2.3.1. Permiso de estudio con fines de elaboración de estudios ambientales.
2.3.2. Solicitud de sustracción de reserva forestal.
2.3.3. Solicitud de levantamiento de veda.
2.3.4. Solicitud de aprobación del Plan de Manejo Arqueológico.
2.3.5. Solicitud de certificado sobre comunidades indígenas y/o negras tradicionales.

2.3.6. Realización de Consulta Previa.
2.3.7. Definición de actores relevantes
2.3.8. Plan de comunicaciones y socialización.
3. Trámite de Licenciamiento Ambiental.

1. IMPLEMENTACIÓN DE LOS REQUISITOS DEL CONTRATO DE CONCESIÓN

Es necesario revisar las particularidades del contrato de concesión que se realice con el Estado y los aspectos ambientales y sociales que allí se determinen, los cuales se convierten en requisitos de obligatorio cumplimiento. Por lo general estos contratos contienen cláusulas con los plazos de ejecución del proyecto que marcarán la ruta crítica para conseguir de manera temprana, con eficiencia y sin dilaciones, los trámites aplicables a su actividad.

Son varios los anexos, apéndices o cláusulas técnico ambientales que dan cuenta de esta nueva realidad de los contratos; estos procedimientos de interacción contractual exigen la aplicación de procedimientos adicionales a los contenidos en la normatividad colombiana que condicionan el inicio de los trámites oficiales ante las autoridades ambientales, como se observa en los contratos de cuarta generación de proyectos viales.

Ya sea en contratos de obra pública o concesiones bajo el esquema de Asociación Público Privada de iniciativa privada o de iniciativa pública, los riesgos ambientales siguen siendo del contratista de la obra quien adelantará por su cuenta y riesgo las actuaciones administrativas respectivas, lo anterior, sin perjuicio de que se mantenga informada a la entidad contratante y de atender los tiempos y documentos técnicos de los contratos.

En los contratos de cuarta generación de proyectos viales, se integran mecanismos para que las interventorías y las entidades, realicen objeciones a los documentos técnicos ambientales y a las estrategias de viabilidad ambiental, con cronogramas específicos según la etapa del proyecto, ya sea en preconstrucción, construcción, operación o mantenimiento. Estos mecanismos contractuales específicos de cada contrato, deben ser integrados en los cronogramas que determinan los tiempos para la obtención de las licencias ambientales.

2. ELABORACIÓN DE ESTUDIOS AMBIENTALES

Como se observa en el siguiente cuadro, de acuerdo con las características específicas de cada proyecto, es necesario realizar una serie de trámites ante la respectiva autoridad competente. Dichos trámites se describen a continuación:

Cuadro 8
Requerimientos de Sustracción de Reserva Forestal

Requerimientos de Sustracción de Reserva Forestal[15]
Certificado de existencia y representación legal para el caso de persona jurídica o copia del documento de identificación, si se trata de persona natural.
Poder otorgado en debida forma, cuando se actúe mediante apoderado.
Certificación(es) expedida(s) por el Ministerio del Interior y de Justicia o de la entidad que haga sus veces sobre la presencia o no de comunidades negras y/o indígenas.
Información que sustente la solicitud de sustracción para el desarrollo de actividades económicas declaradas por la ley como de utilidad pública o interés social, de acuerdo a lo establecido en los artículos 7° y 8°de la resolución 1226 de 2012.
Información técnica de acuerdo con los términos de referencia para la sustracción.

2.1. Solicitud de pronunciamiento de no DAA

En la etapa de prefactibilidad se precisaron los casos en los cuales se requiere el pronunciamiento de la Autoridad Ambiental competente para que defina si el proyecto requiere o no el Diagnóstico Ambiental de Alternativas - DAA y que corresponde a los establecidos en la lista taxativa del Decreto 1076 Artículo 2.2.2.3.4.2.

Si el proyecto se encuentre en la mencionada lista, el solicitante deberá presentar un escrito a la Autoridad Ambiental para que se pronuncie si el mismo requiere o no la presentación de un Diagnóstico Ambiental de Alternativas -DAA.

En el evento que aplique, el solicitante puede presentar las razones por las cuales considera que no se requiere la presentación de alternativas diferentes a la escogencia de un sitio determinado. Lo anterior sucede en los casos en que se pueda justificar que el proyecto solamente puede hacerse en las condiciones especificadas o en un área con las mismas características socioambientales y que la zona no presente restricciones ambientales que prohíban su ubicación.

La Autoridad Ambiental en un término de quince (15) días hábiles establecerá por escrito si el proyecto requiere Diagnóstico Ambiental de Alternativas - DAA o si puede iniciar el Estudio de Impacto Ambiental - EIA sobre el trazado y ubicación presentada por el solicitante, en cuyo caso definirá los términos de referencia aplicables al proyecto (DAA o EIA) e incluirá requerimientos adicionales en el caso de que se requiera, de acuerdo con las particularidades del proyecto o su complejidad socioambiental.

2.2. Elaboración de Estudios de Diagnóstico Ambiental de Alternativas - DAA

En los casos en que la Autoridad Ambiental defina que el proyecto requiere un Diagnóstico Ambiental de Alternativas - DAA[16], el mismo se deberá elaborar de conformidad con la Metodología General para la Presentación de Estudios Ambientales[17] y contener como mínimo la información que se cita a continuación:

1. "Objetivo, alcance y descripción del proyecto, obra o actividad.

2. La descripción general de las alternativas de localización del proyecto, obra o actividad caracterizando ambientalmente el área de interés e identificando las áreas de manejo especial, así como también las características del entorno social y económico para cada alternativa presentada.

3. La información sobre la compatibilidad del proyecto con los usos del suelo establecidos en el Plan de Ordenamiento Territorial o su equivalente.

4. La identificación y análisis comparativo de los potenciales riesgos y efectos sobre el medio ambiente; así como el uso y/o aprovechamiento de los recursos naturales requeridos para las diferentes alternativas estudiadas.

5. Identificación de las comunidades y de los mecanismos utilizados

---

16. **Decreto 1076 de 2015.** Artículo 2.2.2.3.4.1 Objeto del diagnóstico ambiental de alternativas. *"El diagnóstico ambiental de alternativas (DAA), tiene como objeto suministrar la información para evaluar y comparar las diferentes opciones que presente el peticionario, bajo las cuales sea posible desarrollar un proyecto, obra o actividad. Las diferentes opciones deberán tener en cuenta el entorno geográfico, las características bióticas, abióticas y socioeconómicas, el análisis comparativo de los efectos y riesgos inherentes a la obra o actividad; así como las posibles soluciones y medidas de control y mitigación para cada una de las alternativas.*
Lo anterior, con el fin de aportar los elementos requeridos para seleccionar la alternativa o alternativas que permitan optimizar y racionalizar el uso de recursos y evitar o minimizar los riesgos, efectos e impactos negativos que puedan generarse".

17. **Resolución 1503 del 4 de agosto 2010.** Por medio de la cual se adopta la Metodología General para la Presentación de Estudios Ambientales y se toman otras determinaciones.

para informarles sobre el proyecto, obra o actividad.
6. Un análisis costo-beneficio ambiental de las alternativas.
7. Selección y justificación de la mejor alternativa".

Se debe revisar y evaluar que la información del diagnóstico sea relevante y suficiente, que considere todas las alternativas posibles desde el punto de vista técnico, económico y ambiental.

Una vez radicado el estudio, la Autoridad Ambiental Competente revisará el estudio con base en el Manual de Evaluación de Estudios Ambientales[18] y mediante acto administrativo motivado seleccionará una o varias alternativas definiendo los términos de referencia[19] sobre los cuales se deberá realizar el EIA e incluyendo requerimientos adicionales si así lo considera; estos términos de referencia sólo podrán incluir información en fase de prefactibilidad.[20]

---

18. **Resolución 1552 del 20 de octubre de 2005.** Por medio de la cual se adoptan los manuales para evaluación de Estudios Ambientales y de seguimiento ambiental de Proyecto y se toman otras determinaciones.

19. **Decreto 1076 de 2015.** Artículo 2.2.2.3.3.2. De los términos de referencia. *"Los términos de referencia son los lineamientos generales que la autoridad ambiental señala para la elaboración y ejecución de los estudios ambientales que deben ser presentados ante la autoridad ambiental competente.*
Los estudios ambientales se elaborarán con base en los términos de referencia que sean expedidos por el Ministerio de Ambiente y Desarrollo Sostenible. El solicitante deberá adaptarlos a las particularidades del proyecto, obra o Actividad.
El solicitante de la licencia ambiental deberá utilizar los términos de referencia, de acuerdo con las condiciones específicas del proyecto, obra o actividad que pretende desarrollar".

20. **Decreto 1076 de 2015.** Artículo 2.2.2.3.3.2. Parágrafo: *"Para los proyectos, obras o actividades del sector de infraestructura, los términos de referencia del diagnóstico ambiental de alternativas (DAA), solo podrán requerir información de fase de prefactibilidad, de acuerdo con lo establecido en la Ley 1682 de 2013 o la norma que la sustituya, modifique o derogue. Por lo anterior, los términos de referencia para los DAA del sector de infraestructura deberán ser ajustados por el Ministerio de Ambiente y Desarrollo Sostenible, antes del 15 de marzo de 2015".*

Es posible que la Autoridad Ambiental rechace el DAA por insuficiencia de las alternativas o de la información presentada para decidir sobre la mejor alternativa, en cuyo caso se deben atender los requerimientos de la Autoridad Ambiental para radicar el DAA una vez subsanados los motivos por los cuales se rechazó el estudio.

El procedimiento para el DAA se muestra en la siguiente figura:

Figura 5.
Trámite Ambiental de Alternativas – DAA.

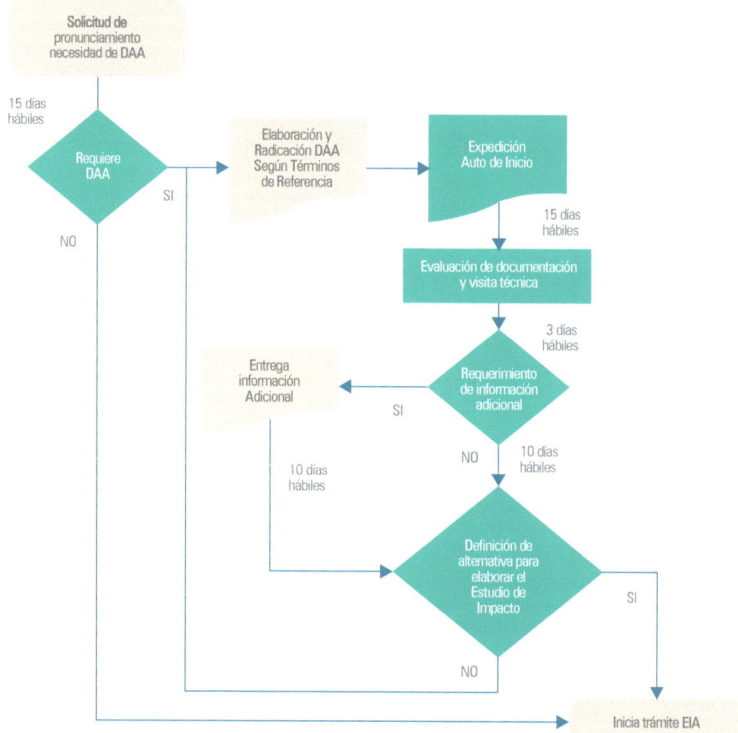

2.3.   Elaboración del Estudio de Impacto Ambiental - EIA

Cuando no se requiera realizar Diagnóstico Ambiental de Alternativas o una vez la Autoridad Ambiental haya definido la alternativa para un proyecto, el solicitante deberá elaborar Estudio de Impacto Ambiental - EIA conforme con los Términos de Referencia aplicables para cada proyecto y los documentos que adopte el Ministerio de Ambiente y Desarrollo Sostenible, en especial la Metodología General para la Presentación de Estudios Ambientales.

De no existir Términos de Referencia para el proyecto a ejecutar, se procederá a solicitar la expedición de los mismos, resaltando en la solicitud las particularidades del proyecto. La norma señala que la expedición de estos términos se efectuará quince (15) días hábiles siguientes a la solicitud.

Tanto los documentos ambientales como los Términos de Referencia son instrumentos técnicos, de orientación conceptual, metodológica y procedimental para la elaboración de los Estudios de Impacto Ambiental por lo que se deben adoptar a las particulari-dades o a la suficiencia de información sobre el proyecto. En todo caso, el equipo multidisciplinario que realiza el Estudio puede definir la inclusión de información adicional no solicitada y que sea relevante para la toma de decisiones de la Autoridad Ambiental.

Uno de los asuntos fundamentales en la elaboración del EIA es la definición del Área de Influencia[21], necesaria para planificar la recolección de información primaria y secundaria requerida en el estudio y para solicitar de manera temprana el certificado de presencia de comunidades étnicas ante la Dirección de Consulta Previa del Ministerio del Interior con el fin de tenerlas en cuenta en la elaboración del estudio y coordinar la realización de la consulta previa si procede.

El Área de Influencia deberá ser definida técnicamente. Es importante verificar que queden incluidas todas las obras asociadas (campamentos, plantas, vías complementarias, etc.), estas áreas de influencia se deben definir conforme con los términos de referencia específicos establecidos por la Autoridad Ambiental para la elaboración del EIA.

---

21. **Decreto 1076 de 2015** Articulo 2.2.2.3.1.1 Definiciones. *"Área de influencia: Área en la cual se manifiestan de manera objetiva y en lo posible cuantificable, los impactos ambientales significativos ocasionados por la ejecución de un proyecto, obra o actividad, sobre los medios abiótico, biótico y socioeconómico, en uno de los componentes dichos. Debido a que las áreas de los impactos pueden variar dependiendo del componente que se analice, el área influencia podrá corresponder a polígonos distintos que se entrecrucen entre sí."*

El equipo de trabajo debe revisar que el Área de Influencia incluya toda el área en donde se manifiesten los impactos significativos del proyecto sobre los medios abiótico, biótico y socioeconómico de tal suerte que se eviten posteriores reprocesos que requieran recolección de información adicional no contemplada en la fase inicial del estudio.

A continuación, se presenta un cuadro resumen con el contenido mínimo que debe llevar un Estudio de Impacto Ambiental EIA:

Cuadro 9
Requerimientos para la construcción de proyectos en el sector de infraestructura

Tipo de proyecto	Construcción			
Trámite	**Requiere**	**Marco legal**	**Entidad**	**Observaciones**
Pregunta de mejoramiento	SI	Art. 2.2.2.5.4.2. Decreto 1076 de 2015.	ANLA	Solo si es una segunda calzada y se considera que la actividad no generará impactos considerables; en caso de que la ANLA considere la actividad consultada como mejoramiento no se requerirá licencia.
Necesidad de DAA	SI	Art. 2.2.2.3.4.2. Decreto 1076 de 2015.	ANLA	Una vez agotada la instancia de la pregunta de mejoramiento y toda vez esta sea desfavorable se procederá a preguntar la necesidad de presentar DAA.
DAA	SI	Art. 2.2.2.3.4.3. Decreto 1076 de 2015.	ANLA	Solo si la ANLA considera la necesidad de que se presente este documento.
Licencia Ambiental	SI	Art. 2.2.2.3.2.1 Decreto 1076 de 2015.	ANLA	En caso de que el concepto de mejoramiento no sea favorable.
PAGA	NO	Art. 2.2.2.5.4.3. Decreto 1076 de 2015.	-	La licencia ambiental incluye todos los permisos para el uso y/o aprovechamiento que demanda el proyecto constructivo, por lo que se obtienen dentro de la licencia ambiental, en caso de que sea necesario incluir nuevos permisos será necesaria la modificación de la misma.
Permiso de emisiones	NO	Art. 2.2.5.1.7.2. Decreto 1076 de 2015.	CAR	
Concesión de aguas	NO	Art. 2.2.3.2.9.1. Decreto 1076 de 2015.	CAR	
Permiso de vertimientos	NO	Art. 2.2.3.2.20.2. Decreto 1076 de 2015.	CAR	
Permiso de ocupación	NO	Art. 2.2.3.2.12.1 Decreto 1076 de 2015.	CAR	
Aprovechamiento forestal	NO	Art. 2.2.1.1.5.1. Decreto 1076 de 2015.	CAR	
Consulta previa	SI	Art. 15 Decreto 1320 de 1998.	MININTERIOR	Solo si dentro del área de influencia del proyecto existe presencia certificada de comunidades indígenas y/o negras.
Autorización ICANH	SI	Art. 2.2.2.3.6.2 Decreto 1076 de 2015 Art. 7 Ley 1185 de 2008.	ICANH	Los proyectos, obras o actividades que requieran licencia ambiental registros o autorizaciones equivalentes ante la autoridad ambiental requieren esta solicitud.

En los términos de referencia otorgados por la autoridad ambiental o producto de las características específicas del proyecto, se pueden requerir algunos estudios o planes complementarios, los cuales en muchos casos, son definitivos para lograr el licenciamiento del proyecto; algunos son:

- Estudio de la calidad del aire incluyendo modelaciones con frecuencias permanentes.
- Estudio o cálculo del caudal ecológico.
- Diseños hidráulicos.
- Cálculos de la erosión del terreno por efectos de construcción de estructuras en concreto.
- Estudios hidrológicos específicos.
- Estudios hidrogeológicos (modelo hidrogeológico de detalle).
- Estudios a detalle de zonas de recarga y de descarga.
- Planes de gestión social.
- Planes de restauración paisajística.
- Planes de cierre y abandono.

Consolidado el documento que contiene el Estudio de Impacto Ambiental, es pertinente que cada uno de los equipos responsables en la empresa, realice una revisión detallada del contenido del documento ya que este se traducirá en futuras obligaciones por parte de la Empresa.

2.3.1. Permiso de estudio con fines de elaboración de estudios ambientales

Es importante prever que para realizar la caracterización biótica solicitada en el Estudio de Impacto Ambiental se requiere Permiso de Investigación Científica en Diversidad Biológica[22], trámite que se debe surtir ante la Autoridad Ambiental Competente previo al levantamiento de información primaria.

Este permiso hace referencia a las actividades de colecta, recolecta,

---

22. **Decreto 1076 de 2015.** Artículo 2.2.2.9.2.1. Actividades de recolección de especímenes de especies silvestres de la diversidad biológica. *"Toda persona que pretenda adelantar estudios en los que sea necesario realizar actividades de recolección de especímenes de especies silvestres de la diversidad biológica en el territorio nacional, con la finalidad de elaborar estudios ambientales necesarios para solicitar y/o modificar licencias ambientales o su equivalente, permisos, concesiones o autorizaciones deberá previamente solicitar a la autoridad ambiental competente la expedición del permiso que reglamenta el presente decreto.*
El permiso del que trata el presente decreto amparará la recolecta de especímenes que se realicen durante su vigencia en el marco de la elaboración de uno o varios estudios ambientales."

captura, caza, pesca manipulación del recurso biológico, y su movilización en el territorio nacional que son necesarias durante el tiempo de elaboración del Estudio de Impacto Ambiental. En la solicitud se debe anexar, entre otros, información sobre el sitio de colecta, la metodología para la recolección del material y el perfil de los profesionales que intervendrán en el estudio.

El permiso de estudio tiene una vigencia de hasta dos (2) años y ampara la recolecta de especímenes de uno o más estudios, por lo que se debe proceder a tramitarlo si no se tiene. Es necesario considerar que una vez se vayan a iniciar los estudios de campo, se debe informar con quince (15) días de anticipación a la Autoridad Ambiental que se va a realizar la actividad de recolecta de especímenes y que la misma puede realizar requerimientos en caso de que la información suministrada no coincida con el permiso otorgado, tiempos que van retrasando la ejecución de los estudios si no se actúa con la debida diligencia y rigor.

La información del permiso de estudio se debe incluir en el capítulo del EIA en donde se relacionen las metodologías utilizadas y los resultados obtenidos para el estudio del componente biótico.

2.3.2. Sustracción de Áreas de Reserva Forestal o Áreas Protegidas.

La sustracción de Áreas de Reserva Forestal o de un Área Protegida susceptible de ser sustraída se debe surtir ante el Ministerio de Ambiente y Desarrollo Sostenible – MADS o ante la Corporación Autónoma Regional, según la categoría de la reserva forestal.

Estas áreas hacen referencia a las Reservas Forestales establecidas mediante la Ley 2ª de 1959 y de las Áreas Protegidas establecidas en el Decreto 1076 de 2015, que incluyen las Reservas Forestales Protectoras Nacionales o Regionales, Distritos Nacionales de Manejo Integrado y Distritos Regionales de Manejo Integrado (DMI), Áreas de Recreación y Distritos de Conservación de Suelos susceptibles de ser sustraídas siempre que sea por razones de utilidad pública e interés social.[23]

El trámite de sustracción se adelanta para el desarrollo de proyectos, obras o actividades, ubicados dentro de las áreas de Reserva Forestal o Áreas Protegidas que impliquen un cambio en el uso

del suelo, remoción de bosques u otra actividad distinta del aprovechamiento racional de bosques o del uso definido para el Área Protegida.

Cuando la competencia de la Licencia Ambiental es de la ANLA, y la reserva es de carácter nacional, la solicitud de sustracción puede realizarse conjuntamente con la Licencia Ambiental. Si la reserva es de carácter regional, se realizará el trámite de manera previa. De igual manera cuando la competencia del licenciamiento es de la Autoridad Ambiental Regional y la reserva es nacional, se solicitará la sustracción de manera previa para evitar demoras innecesarias en el proceso de licenciamiento.

Si bien el acto administrativo de sustracción no es un requisito previo para la radicación del trámite de licenciamiento, sí lo es para el acto administrativo que define el otorgamiento de la Licencia Ambiental[24], por lo que se debe iniciar el proceso con suficiente antelación para evitar demoras innecesarias.

Los requerimientos para la sustracción se relacionan en el siguiente cuadro:

---

23. **Decreto 1076 de 2015.** Artículo 2.2.2.1.3.9. Sustracción de áreas protegidas. *"La conservación y mejoramiento del ambiente es de utilidad pública e interés social. Cuando por otras razones de utilidad pública e interés social se proyecten desarrollar usos y actividades no permitidas al interior de un área protegida, atendiendo al régimen legal de la categoría de manejo, el interesado en el proyecto deberá solicitar previamente la sustracción del área de interés ante la autoridad que la declaró. En el evento que conforme a las normas que regulan cada área protegida, no sea factible realizar la sustracción del área protegida, se procederá a manifestarlo mediante acto administrativo motivado rechazando la solicitud y procediendo a su archivo".*

Cuadro 10
Descripción de los capítulos que debe contener el Estudio de Impacto Ambiental (EIA)

CAPÍTULO	NOMBRE	CONTENIDO
0	Resumen Ejecutivo	Documento que incluye una síntesis del proyecto propuesto, las características relevantes del área de influencia, las obras y acciones básicas de la construcción y operación, el método de evaluación ambiental seleccionado, la jerarquización y cuantificación de los impactos ambientales significativos, la zonificación ambiental y de manejo, resumen del plan de manejo ambiental y de las necesidades de aprovechamiento de recursos con sus características principales, así como del Plan de Inversión del 1 % (cuando aplique) y los principales riesgos identificados. Adicionalmente, especificar el costo total estimado del proyecto y del PMA y sus respectivos cronogramas de ejecución, así como las actividades a desarrollar durante la fase de desmantelamiento y abandono.
1	Objetivos	Se deben definir los objetivos generales y específicos del proyecto.
2	Generalidades	Presenta los antecedentes, alcances (incluyendo limitaciones y/o restricciones del estudio), metodología e información del equipo consultor y equipo de profesionales que participa en la elaboración del estudio.
3	Descripción del Proyecto	Brinda información sobre la localización del proyecto, las características del mismo para sus diferentes etapas (construcción, operación, abandono y restauración), infraestructura existente, diseño, infraestructura asociada, costos del proyecto, cronograma y la estructura organizacional de la empresa.
4	Áreas de Influencia	Contiene una definición, identificación y delimitación del área de influencia del proyecto, teniendo en cuenta la manifestación de los impactos ambientales.
5	Caracterización del área de Influencia	Se realiza una caracterización del área de influencia. Para esto se debe portar información cualitativa y cuantitativa que permita conocer las características actuales del medio ambiente en las áreas de influencia del proyecto, y posteriormente, se realiza una comparación de las variaciones de dichas características durante el desarrollo de las diferentes actividades que hacen parte de las fases del proyecto. Esto se realiza para el medio abiótico, biótico y socioeconómico. Así mismo, es necesario identificar los servicios ecosistémicos de regulación, aprovisionamiento, soporte y culturales que prestan los ecosistemas naturales y transformados previamente identificados y descritos. Posteriormente, se realiza una zonificación ambiental, determinando la importancia y la sensibilidad ambiental del área del proyecto.
6	Zonificación ambiental	Con base en la caracterización ambiental de las áreas de influencia se efectúa un análisis de los medios abiótico, biótico y socioeconómico, con el fin de realizar la zonificación ambiental, a partir de la sensibilidad ambiental del área, en su condición sin proyecto.
7	Demanda, uso, aprovechamiento y/o afectación de los recursos naturales	Se presenta una caracterización detallada de los recursos naturales que demandará el proyecto y que serán utilizados, aprovechados o afectados durante las diferentes fases de construcción del mismo. Se debe tener con consideración información requerida en los Formularios Únicos Nacionales, y presentar programas de ahorro y uso eficiente del agua y la energía.
8	Evaluación Ambiental	Presenta la identificación y evaluación de los potenciales impactos ambientales y sociales que se podrían generar sin los efectos del proyecto y con proyecto durante la etapa de construcción, operación, abandono y restauración.
9	Zonificación de Manejo Ambiental	A partir de la zonificación ambiental y teniendo en cuenta la evaluación de impactos realizada, se determina la zonificación de manejo ambiental. En esta se definen las restricciones de tipo abiótico, biótico y socioeconómico, agrupándolas en las siguientes áreas de manejo: Áreas de Exclusión, Áreas de Intervención con restricciones, Áreas de intervención.
10	Evaluación económica ambiental	Se presenta una estimación del valor económico de los beneficios y costos ambientales que potencialmente generará la ejecución del proyecto, con el fin de contribuir en la determinación de la viabilidad del mismo.
11	Planes y Programas	Presenta el conjunto de planes y programas que se desarrollarán a lo largo de las diferentes etapas del proyecto, para prevenir, mitigar, corregir y compensar los impactos generados. Estos se agrupan en: - Plan de Manejo Ambiental (PMA): conjunto de medidas y actividades orientadas a prevenir, mitigar, corregir y compensar los impactos ambientales identificados. - Plan de Seguimiento y Monitoreo (PSM): conjunto de actividades con miras a garantizar el seguimiento y monitoreo a los planes y programas del PMA y a la tendencia del medio. - Plan de Gestión del Riesgo: presenta los lineamientos para prevenir, atender y controlar adecuada y eficazmente una emergencia ambiental basado en la valoración de los riesgos. - Plan de desmantelamiento y abandono: Presenta las actividades y obras necesarias para realizar el abandono, desmantelamiento y restauración de las obras temporales en las diferentes fases del proyecto, así como una propuesta de uso final del suelo en armonía con el medio circundante, presentando las medidas de manejo y reconformación morfológica, la estrategia de información a las comunidades y autoridades, y una propuesta de los indicadores de los impactos acumulativos y sinérgicos, así como los resultados alcanzados con el desarrollo del PMA.
12	Otros Planes y Programas	Hacen parte de este capítulo los siguientes, los cuales aplican según las características particulares de cada proyecto: - Plan de inversión del 1 %: Por el uso del recurso hídrico tomado de fuentes hídricas naturales (superficial y/o subterráneo), se presenta una propuesta técnico-económica para la inversión del 1% del costo del proyecto, de acuerdo con lo establecido en el Decreto 1900 de 2006. - Plan de compensación por pérdida de biodiversidad: presenta las actividades y medidas de compensación por la pérdida de biodiversidad generada por las actividades del proyecto, tomando en consideración lo establecido en el Manual para la Asignación de Compensaciones por Pérdida de Biodiversidad expedido mediante Resolución 1517 de agosto de 2012.

Los tiempos para el trámite de sustracción son los que se muestran en el siguiente diagrama:

Figura 6
Trámite de sustracción de reserva forestal

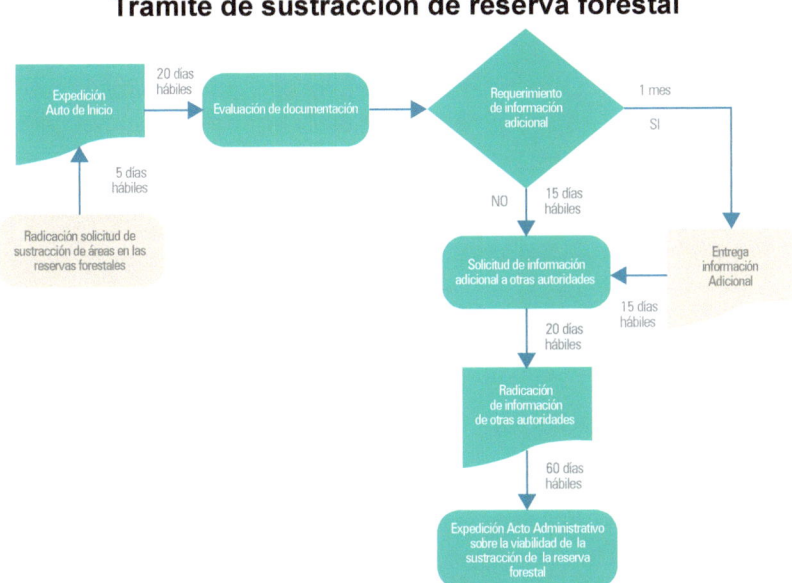

2.3.3. Solicitud de levantamiento de veda

El trámite de levantamiento de veda se debe surtir ante las autoridades ambientales competentes como son la Dirección de Bosques, Biodiversidad y Servicios Ecosistémicos del Ministerio de Ambiente y Desarrollo Sostenible – MADS o las autoridades ambientales regionales y locales.

Este trámite se adelanta cuando en los muestreos realizados durante la caracterización ambiental, se detecta la presencia de especies endémicas en veda a nivel nacional o regional (plantas vasculares y no vasculares), o en categorías de amenaza de acuerdo con lo establecido en la Resolución 192 del 10 de febrero de 2014 [25], los

---

24. **Decreto 1076 de 2015**. Artículo 2.2.2.3.6.3. Parágrafo 5. *"Cuando el proyecto, obra o actividad requiera la sustracción de un área de reserva forestal o el levantamiento de una veda, la autoridad ambiental no podrá dar aplicación al numeral 5° del presente artículo, hasta tanto el solicitante allegue copia de los actos administrativos, a través de los cuales se concede sustracción o el levantamiento de la veda".*

25. **Resolución 0192 de 2014.** Por la cual se establece el listado de las especies silvestres amenazadas de la diversidad biológica colombiana que se encuentran en el territorio nacional, y se dican otras disposiciones.

listados de la Unión Internacional para la Conservación de la Naturaleza (IUCN Red List por sus siglas en inglés), los libros rojos de Colombia y los apéndices I, II y III de la Convención sobre el Comercio Internacional de Especies de Fauna y Flora Silvestres (CITES), presentando las respectivas coordenadas. Así mismo, en caso de identificar nuevas especies, estas se deben reportar a las entidades competentes tales como el Instituto de Ciencias Naturales de la Universidad Nacional de Colombia, el Instituto de Investigación de Recursos Biológicos Alexander von Humboldt, el SINCHI y el IIAP.

Aunque idealmente se debe evitar el aprovechamiento de especies vedadas a nivel nacional y regional, en caso de requerir el aprovechamiento de estas, es necesario adelantar de manera previa ante la autoridad ambiental competente, los trámites correspondientes a la solicitud con el fin de evitar retrasos en el inicio de obras.

2.3.4. Solicitud de aprobación del Plan de Manejo Arqueológico

El Patrimonio Arqueológico hace parte del Patrimonio Cultural de la Nación y está ligado a los derechos fundamentales establecidos en la Constitución como el derecho a la identidad, al patrimonio colectivo y a la cultura. Existe un marco normativo que reglamenta y regula la manera en que deberán desarrollarse los programas de arqueología preventiva[26], siendo esta una de las exigencias para otorgar los permisos necesarios en diferentes etapas del proyecto que incluyan la remoción de tierra dentro de sus actividades, desde la etapa de exploración, pasando por el desarrollo del Estudio de Impacto Ambiental para la obtención de la Licencia Ambiental hasta la culminación de la etapa constructiva de cualquier proyecto, como se puede observar en la siguiente figura:

---

26. El principal referente lo constituye el régimen legal y los lineamientos técnicos para programas de arqueología preventiva definidos por el Instituto Nacional de Antropología e Historia (ICANH) en julio de 2015. Existe un marco jurídico soportado por la Ley General de Cultura de 2008 reglamentada por el Decreto 763 del 10 de marzo de 2009, por el cual se reglamentan parcialmente las Leyes 814 de 2003 y 397 de 1997 modificada por medio de la Ley 1185 de 2008, en lo correspondiente al Patrimonio Cultural de la Nación de naturaleza material, en el título IV Patrimonio Arqueológico.

Figura 7
Esquema Programa de Arqueología Preventiva

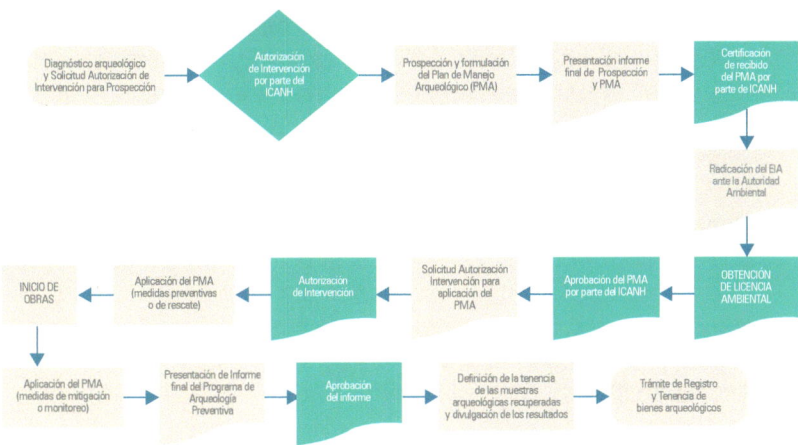

En el siguiente cuadro se describe el desarrollo de este programa y el tipo de medidas a ejecutar, junto con los productos básicos a entregar previo y durante el desarrollo de un proyecto que requiera Licencia Ambiental.

Cuadro 11
Definición de fases y tipo de medidas a ejecutar[27]

Fases	Tipo de Medida	Momento en la Obra	Necesita Licencia ICANH	Obligatoria	Producto a entregar
Diagnóstico Arqueológico	Prevención	Antes del EIA	No	No	- Revisión de información secundaria. - Relación con problemática arqueológica regional. - Identificación áreas arqueológicas protegidas. - Zonificación arqueológica preliminar. - Identificación de capacidad de gestión cultural de los municipios o entidades para la tenencia de materiales arqueológicos.
Prospección Arqueológica	Prevención	Cualquier obra que requiera descapote y/o emoción de suelos	Si	Si	- Propuesta de prospección conforme a lineamientos ICANH. - Licencia de intervención arqueológica. - Informe de prospección conforme a lineamientos ICANH. - Plan de manejo arqueológico. - Documento de aprobación por parte de ICANH.
Aplicación del PMA (Rescate)	Mitigación	Antes de inicio de obras	Si	Si	- Propuesta de intervención para ejecución del plan de manejo arqueológico conforme a lineamientos ICANH. - Informe de intervención arqueológica conforme a lineamientos ICANH. - Documento de aprobación por parte de ICANH.
Aplicación del PMA (Monitoreo)	Mitigación	Construcción de obras	Si	Si	- Propuesta de intervención para ejecución del plan de manejo arqueológico conforme a lineamientos ICANH. - Informe de intervención arqueológica conforme a lineamientos ICANH. - Documento de aprobación por parte de ICANH.
Definición de Tenencia	Compensación	Obras construidas, área liberada arqueológicamente	No	No	- Fichas de registro de piezas arqueológicas conforme a ICANH (si aplica). - Carta oficializando entrega de materiales. - Registro fotográfico.

27. En el siguiente link se encontrarán los formatos de trámites relacionados con la autorización para la intervención sobre patrimonio arqueológico: http://www.icanh.gov.co/index.php?idcategoria=4517

El Instituto Colombiano de Antropología e Historia -ICANH ha definido como Prospección Arqueológica y Formulación del Plan de Manejo Arqueológico a la exploración en detalle que se realiza en el área de influencia del proyecto. Para esto se realizan actividades de reconocimiento del área, toma de muestras en campo y su respectivo análisis, con el propósito de identificar el potencial y evaluar los posibles impactos sobre el patrimonio, de tal forma que se propongan las respectivas medidas de manejo.

Como se evidencia en el diagrama presentado previamente, es requisito fundamental para la presentación del Estudio de Impacto Ambiental ante la autoridad ambiental competente, contar con el documento de radicación del Plan de Manejo Arqueológico ante el ICANH y este debe hacer sido aprobado por esta institución previo al inicio de obras.

Una vez se surte el proceso descrito previamente y el Plan de Manejo Arqueológico es aprobado por el ICANH, este debe ser desarrollado durante las respectivas etapas del proyecto, teniendo presentes los hallazgos y el tipo de medidas a implementar. Cuando las áreas evaluadas contienen elementos susceptibles de ser considerados Patrimonio Arqueológico de la Nación, se deben implementar medidas de manejo tales como: rescate arqueológico de los sitios identificados, monitoreo arqueológico durante las obras de intervención del subsuelo, capacitación al personal de las obras, implementación de acciones de socialización con la comunidad como parte de los mecanismos y estrategias participativas. Estas medidas buscan mitigar los impactos sobre el patrimonio y facilitar la recuperación de información para la reconstrucción de la memoria e identidad de los ciudadanos.[28]

2.3.5. Solicitud de Certificación de presencia de grupos étnicos
Definida el Área de Influencia del proyecto, se debe solicitar la certificación de presencia de grupos étnicos a la Dirección de Consulta Previa del Ministerio del Interior aportando una breve descripción del proyecto y la identificación del área de influencia con coordenadas geográficas o con sistemas de coordenadas planas Gauss o Sirgas.

---

28. Régimen Legal y Lineamientos Técnicos de los Programas de Arqueología Preventiva en Colombia. ICANH. http://www.icanh.gov.co/?idcategoria=5769

Si la Dirección de Consulta Previa lo considera, se programará una visita o recorrido a la zona del proyecto con el fin de realizar la verificación in situ de la posible presencia de comunidades étnicas. Una vez realizada la visita, esta entidad expide una certificación sobre la presencia o no de estas comunidades en el área de influencia del proyecto.

Previo a este proceso se recomienda realizar una revisión de información secundaria y un primer acercamiento por parte de la empresa a la zona de influencia del proyecto. Este acercamiento tendrá la finalidad de identificar la posible presencia de comunidades étnicas, el tipo de comunidad, los líderes y autoridades tradicionales de la organización y las relaciones que dichas comunidades establecen con el territorio y con el área del proyecto. De igual manera se identificará la necesidad de contar con traductores o intérpretes para la comprensión del proyecto por parte de la (s) comunidad (es) que no sean hispanoparlantes.

Se indagará en las gobernaciones y alcaldías municipales sobre las comunidades étnicas inscritas en los respectivos entes territoriales. Así mismo, se informará sobre el proyecto que se va a desarrollar y se preguntará por la voluntad y disposición de los líderes para participar en una eventual Consulta Previa. Se recomienda dejar claro con las autoridades étnicas y la comunidad que este acercamiento no implica dar inicio de la Consulta Previa.

Si la Dirección de Consulta Previa establece que en el Área de Influencia del proyecto no se registran comunidades étnicas, no se debe surtir el proceso de consulta previa y la empresa continuará con la elaboración del EIA.

Si la respuesta es que sí se registran comunidades, la empresa remitirá un oficio informándole a la Dirección de Consulta Previa el interés de iniciar el proceso con el fin de solicitar formalmente la asignación de un funcionario para que lidere dicho proceso.

2.3.6. Realización de Consulta Previa

La Consulta Previa[29] es el mecanismo que se aplica antes de la ejecución de todo proyecto de desarrollo, medida administrativa o legislativa que afecte sus territorios o sus dinámicas culturales tradicionales; es el derecho fundamental que tienen los pueblos indígenas de poder pronunciarse   sobre las medidas que los afectan o cuando se vayan a realizar proyectos, obras o actividades dentro de sus territorios, buscando de esta manera proteger su integridad cultural, social y económica y garantizar el derecho a la participación.

El objetivo de la Consulta Previa es identificar y analizar los impactos socioculturales y ambientales de un proyecto (desde la perspectiva local) vinculándose con la comunidad, y acordando las medidas para su manejo. Es así que se concibe como un proceso de construcción conjunta en el que deben respetarse los siguientes elementos o principios orientadores:

• Legitimidad.
• Buena fe.
• Transparencia.
• Información amplia y suficiente.
• Participación.
• Representatividad.
• Entendimiento Intercultural y Bilingüismo.
• Oportunidad.
• Pluralismo Jurídico.

La Consulta Previa no cuenta con un procedimiento único para su puesta en marcha; ante este vacío la Corte Constitucional ha proferido diferentes fallos de sentencias a acciones interpuestas por las comunidades que han contribuido a definir y aclarar la implementación del mecanismo en el desarrollo de proyectos de infraestructura que puedan afectar a las comunidades étnicas.

---

29. **A partir de la Constitución de 1991, en su artículo 7°.** *"El Estado reconoce y protege la diversidad étnica y cultural de la nación colombiana".* Desde su promulgación, el desarrollo jurídico y normativo ha considerado medidas orientadas a implementar acciones de protección a las minorías con el fin de garantizar el derecho a la igualdad y participación de las comunidades étnicas. El Convenio 169 de la Organización Internacional del Trabajo (OIT), sobre pueblos indígenas y tribales en países independientes, refiere la obligación de los Estados de asegurar los derechos de los pueblos indígenas a su territorio y la protección de sus valores culturales, sociales y económicos, como medio para garantizar su subsistencia como humanos. Este convenio es ratificado por Colombia a través de la Ley 21 de 1991. Recordando los términos de la declaración universal de derechos humanos, del pacto internacional de derechos económicos, sociales y culturales, del pacto internacional de derechos civiles y políticos y de los numerosos instrumentos internacionales sobre la prevención de la discriminación.

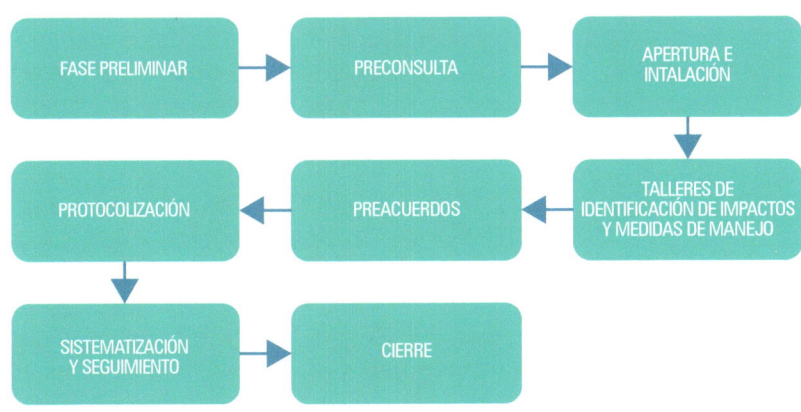

De igual manera el Ministerio del Interior, basado en la Directiva Presidencial 10 de 2013, ha desarrollado una cartilla del proceso, la cual ha orientado el desarrollo de las consultas previas a nivel nacional, donde se esbozan las fases, pero no determina un tiempo específico para cada una de ellas. Las fases que comprende el proceso de Consulta Previa se describen en la siguiente figura.

Figura 8
Fases previstas en el desarrollo de la Consulta Previa.

FASE PRELIMINAR → PRECONSULTA → APERTURA E INTALACIÓN

TALLERES DE IDENTIFICACIÓN DE IMPACTOS Y MEDIDAS DE MANEJO

PROTOCOLIZACIÓN ← PREACUERDOS ←

SISTEMATIZACIÓN Y SEGUIMIENTO → CIERRE

2.3.6.1. Preconsulta

La Dirección de Consulta Previa del Ministerio del Interior tiene la competencia de coordinar el desarrollo de la Consulta Previa y convocar a los representantes del Ministerio Público a nivel municipal y departamental (Personería, Defensoría del Pueblo, Procuraduría y Autoridad Ambiental respectiva). La empresa tiene la responsabilidad de participar activamente en la Consulta Previa y proporcionar los recursos necesarios para su desarrollo. Las comunidades étnicas tienen la potestad de participar o no en el proceso de Consulta Previa pero en caso de renunciar a este derecho fundamental, no tienen la facultad de obstruir el desarrollo de los proyectos.

En esta fase se hará una identificación formal de los representantes de la empresa así como los representantes legales y autoridades tradicionales de la comunidad con la cual se hará la consulta previa.

De igual manera se realizará una presentación del marco jurídico de la consulta y del proyecto que se pretende realizar, estableciendo las reglas de juego, la metodología, los sitios de reunión, los asistentes y el cronograma preliminar entre otros.

La metodología es fruto de la concertación de las partes, teniendo en cuenta que la participación debe ser el eje transversal del proceso y que se debe garantizar el respeto por los usos, costumbres y tradiciones de la comunidad que se va a consultar, dentro de los principios establecidos.

Un aspecto a incluir es la construcción conjunta de conceptos, con el fin de unificar criterios y palabras que se usarán a lo largo del proceso. De igual forma capacitar traductores e intérpretes para que los mensajes sean transmitidos lo más fielmente posible.

En esta fase de preacuerdos se definirán los tiempos y procedimientos para la realización de la caracterización físico, biótico y sociocultural de la comunidad étnica dentro de su territorio, como elemento esencial para el levantamiento de la línea base del estudio de impacto ambiental. Se propone el acompañamiento de miembros de la comunidad que puedan ayudar a los profesionales de las diversas áreas en la recolección de información de campo.

Cada una de las fases culmina con la firma del Acta, la cual es levantada por la Dirección de Consulta Previa, como garante del proceso.

2.3.6.2. Apertura
En esta fase se dará inicio formal al proceso de Consulta Previa.

En la apertura, la empresa hará una presentación detallada del proyecto objeto de Consulta Previa, identificando las diferentes etapas, así como el tiempo de ejecución.

De ser posible puede proponerse la realización de un recorrido sobre el área del proyecto donde se identifiquen las obras a desarrollar y establecer las actividades o usos que realiza la comunidad sobre la zona que puede ser afectada.

2.3.6.3. Identificación de impactos y medidas de manejo
Se deberá garantizar que a través de metodologías y pedagogías participativas, la comunidad y sus líderes conozcan e identifiquen los posibles impactos que pueden causar las actividades que desarrollará el proyecto en las diferentes fases.

Se debe prever un número de sesiones o talleres suficientes para la comprensión de los impactos y medidas de manejo, que permita el planteamiento de medidas de manejo acertadas y pertinentes por parte de los miembros de la comunidad étnica.

Para verificar que el proyecto sea comprendido por la comunidad, se aplica el método de reiteración con diferentes técnicas tales como videos, ortofotos, recorrido por el territorio, evaluaciones puntuales, etc.

2.3.6.4. Preacuerdos
En esta fase se busca llegar a un primer consenso sobre las medidas de manejo previstas tanto por la empresa como por las comunidades. El ejercicio a desarrollar consiste en recopilar los impactos sociales, culturales, bióticos y abióticos, identificados por la comunidad con sus respectivas medidas de manejo y contrastarlas con los impactos y medidas propuestas por la empresa a través del Estudio de Impacto Ambiental.

Como resultado de la fase de preacuerdos se deberá obtener una matriz concertada donde figuren los siguientes elementos:
• Los impactos identificados por la comunidad.
• Los impactos identificados por la empresa a través del EIA.
• Las medidas de manejo concertadas para cada uno de los impactos identificados.

2.3.6.5. Protocolización
En esta etapa la Dirección de Consulta Previa convoca la reunión de Protocolización con base en el Acta de preacuerdos, la cual será parte integrante del Estudio de Impacto Ambiental (EIA).

El Acta de Protocolización deberá reflejar todos los acuerdos y será revisada y aprobada punto por punto, por la comunidad y la empresa. Los acuerdos deben versar al menos sobre los siguientes puntos:
• Impactos del proyecto.
• Medidas de prevención, mitigación, corrección.
• Capítulo aparte deberá destinarse a las medidas de compensación, las cuales deberán ser pactadas en proyectos (si ya existe consenso por parte de la comunidad o deberán pactarse talleres posteriores para apoyarlos en la formulación de sus proyectos).

En la misma Acta debe constar que las comunidades fueron informadas sobre:
• Políticas de inversión social voluntaria.
• Políticas de empleo y cómo acceder a los mismos.
• Políticas de Bienes y Servicios (B&S).
• Sistema de recepción de PQRS.

En la siguiente gráfica se muestra el flujograma de esta etapa de Protocolización:

Gráfica 9
Flujograma de la etapa de Protocolización
de Consulta Previa

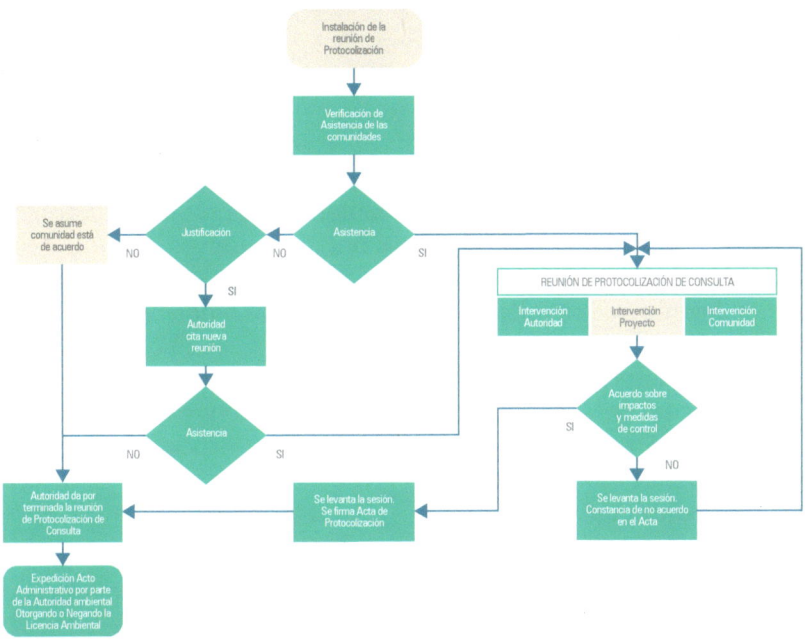

2.3.7 Definición de actores relevantes en el proyecto

Uno de los factores más importantes para lograr el desarrollo exitoso de un proyecto, es la interrelación con las partes interesadas, máxime cuando la Constitución da relevancia a la participación de las comunidades, especialmente en las decisiones que afectan el ambiente.

La definición de actores relevantes en el proyecto permitirá conocer los requerimientos de relacionamiento con entidades y personas del orden nacional, regional y local de acuerdo con los objetivos del proyecto.

Es fundamental establecer el relacionamiento con las partes interesadas de manera sistemática. Los procesos adoptados deberán garantizar la ética y la eficiencia en el levantamiento y uso de la información, así como el relacionamiento franco y directo con las comunidades del área de influencia.

En este sentido se vuelve relevante involucrar a las áreas que coordinan los procesos de comunicaciones para iniciar las actividades de relacionamiento con las partes interesadas inicialmente identificadas, que garantice el diálogo conforme a las políticas internas y en apoyo permanente de los equipos técnicos, ambientales y sociales.

La identificación y clasificación de estos actores, se puede iniciar a partir de información secundaria, de entrevistas o visitas en campo. La información debe mantenerse actualizada y dentro de esta actividad se deberá incluir o excluir nuevos actores, realizar una caracterización de cada uno de ellos y determinar los grupos de interés que requieren un mayor nivel de atención.

Para este proceso se deben identificar y analizar las necesidades, intereses, posiciones, influencias, capacidad y expectativas de los diferentes actores o partes interesadas, en relación con el proyecto. Dentro del análisis de cada actor se debe tener en cuenta su perfil, redes de relacionamiento, entendimiento de la realidad local, visión sobre el desarrollo local y sobre los impactos positivos o negativos del proyecto.

De igual manera se deben identificar las posibles relaciones o conflictos que puedan existir entre las partes y los intereses del proyecto, así como las oportunidades o riesgos que se puedan presentar por las acciones o decisiones a ser adoptadas.

2.3.8. Plan de Comunicaciones y Relacionamiento
La siguiente metodología sirve de guía para la elaboración e implementación del Plan de Comunicaciones y Relacionamiento:

El Plan de Comunicaciones y Relacionamiento deberá contener: objetivo, canales de comunicación según categoría de actores, mensaje por cada audiencia, posibles terceros validadores, detalle de las actividades, responsables, partes involucradas, plazo y periodicidad de ejecución.

• Definir las estrategias de relacionamiento a ser adoptadas, con base en los resultados del análisis de partes interesadas y los objetivos establecidos.

• La implementación del Plan debe ser hecha de manera transversal e integrada, involucrando las diversas áreas que tienen que ver con el proyecto.

• El plan debe ser implementado a lo largo del proceso de obtención de las licencias ambientales, de manera que sirva como herramienta en la definición de las medidas compensatorias.

• Los mensajes deben tratar temas recurrentes en el proceso de licenciamiento y se debe, de manera continua, socializar el proyecto, resolver dudas y permitir que las partes expresen sus expectativas.

2.3.8.1. Relacionamiento con partes interesadas
El proceso de relacionamiento entre las partes interesadas, deberá realizarse de manera continua para mantener una relación de transparencia y credibilidad, de forma que promueva la participación con todos los actores; así como fomentar el desarrollo local sostenible.

Para este proceso se debe tener en cuenta que:
• Se contemple desde el principio a todas las partes interesadas, su contexto económico, social, cultural, religioso, ambiental, para llegar a la elaboración de un plan de acción que posicionará a la compañía en la dinámica social del área de influencia en donde se ubicará el proyecto.

• Se establezcan mecanismos para que los resultados de los procesos de consulta y comunicación, sean documentados y registrados, de tal suerte que las lecciones aprendidas sean consideradas en las decisiones sobre nuevas consultas o en el proceso de toma de decisión.

2.3.8.2. Estrategia de Comunicaciones y Relacionamiento

El Plan de Comunicaciones y Relacionamiento tiene como objetivo integrar las acciones previstas en los programas ambientales que sean desarrolladas en el proceso de licenciamiento, así como apoyar a la empresa en la construcción y mantenimiento de las mejores relaciones posibles con las partes interesadas a lo largo de todas las etapas del proyecto. Para lo cual:

• Se deben unificar mensajes y clasificar de acuerdo a las categorías de actores.

• Se deben articular los mensajes tanto internos como externos a los mensajes generales de la empresa para mantener la coherencia.

• Se deben establecer canales formales de comunicación con las partes interesadas, promoviendo la evaluación continua de estos con el fin de garantizar su eficacia.

• Las partes interesadas deben conocer los canales y mecanismos de acceso a la empresa.

• Es importante realizar seguimiento y monitoreo continuo a las actividades que se desarrollen con las partes interesadas.

• Los colaboradores de la compañía y los contratistas que participan en el proceso de adhesión y participación de partes interesadas externas, deberán ser competentes o capacitados en técnicas y herramientas de comunicación y adhesión de partes interesadas, de acuerdo con sus funciones y responsabilidades.

• Se deberán identificar los posibles riesgos de las acciones o intereses de los diferentes actores involucrados. Para cada uno de ellos deberán proponer acciones o actividades de mitigación de impactos.

• La empresa deberá comunicar los riesgos que el proyecto puedan causar a las partes interesadas.

• Es importante llevar el registro histórico de las comunicaciones y el relacionamiento con las partes interesadas; así como la definición de indicadores que permitan medir el progreso de los objetivos y la eficacia de las acciones.

• Se deberá contar con una base de datos de partes interesadas actualizada y en la cual se registre el histórico de todas las comunicaciones y acciones realizadas con ellos.

3. TRÁMITE DE LICENCIAMIENTO AMBIENTAL

En esta fase del proceso, la empresa está lista para iniciar oficialmente el trámite de licenciamiento ambiental, y el objetivo es llegar a este punto con la información completa y precisa para evitar requerimientos extensos de la Autoridad Ambiental.

Previo a la radicación de la solicitud de licencia ambiental, se debe realizar una lista de chequeo de los documentos que acompañan la solicitud, los cuales se listan a continuación:

3.1. Documentos a radicar

Cuadro 12
Documentos a radicar en la solicitud de Licencias Ambientales

Documentos a radicar en la solicitud de Licencias Ambientales	SI	NO	N/A
Formulario Único de solicitud o modificación de Licencia Ambiental.			
Geodatabase estructurada y diligenciada de acuerdo al modelo dispuesto en las Resoluciones 1503 de 2010 y 1415 de 2012, o las que las sustituyan, modifiquen o deroguen y planos que soporten el EIA de acuerdo a lo descrito en los términos de referencia utilizados para la elaboración del Estudio Ambiental.			
Costo estimado de inversión y operación del proyecto.			
Poder debidamente otorgado cuando se actúe por medio de apoderado.			
Constancia de pago para la prestación del servicio de evaluación de la licencia ambiental. Para las solicitudes radicadas ante la ANLA, se deberá realizar la autoliquidación previo a la presentación de la solicitud de licencia ambiental. En caso de que se requiera para efectos del pago del servicio de evaluación la liquidación realizada por la autoridad ambiental competente, esta deberá ser solicitada por lo menos con quince (15) días hábiles de antelación a la presentación de la solicitud de licenciamiento ambiental.			
Documento de identificación o certificado de existencia y representación legal, en caso de personas jurídicas*.			
Certificado del Ministerio del Interior sobre presencia o no de comunidades étnicas y de existencia de territorios colectivos en el área de influencia directa del proyecto de conformidad con lo dispuesto en el Decreto 2613 de 2013. (Dicha certificación deberá demostrar coincidencia entre el área de influencia y el nombre del proyecto propuesto en el EIA o PMA).			
Copia de la radicación del documento exigido por el Instituto Colombiano de Antropología e Historia (ICANH), a través del cual se da cumplimiento a lo establecido en la Ley 1185 de 2008. (El documento radicado ante el ICANH deberá corresponder con el nombre del proyecto propuesto en el EIA o PMA).			
Copia de radicado del EIA ante la(s) Autoridad(es) Ambiental(es) Regional(es), para proyectos de competencia de la ANLA.			

Documentos a radicar en la solicitud de Licencias Ambientales®	SI	NO	N/A
Permiso de Estudio para la recolección de especímenes de especies silvestres de la diversidad biológica con fines de Elaboración de Estudios Ambientales Decreto 3016 de 2013 o la norma que lo modifique o sustituya.			

Otros documentos a tener en cuenta
IMPACTOS ÁREAS DE MANEJO ESPECIAL Y/O ÁREAS DE ESPECIAL IMPORTANCIA ECOLÓGICA:

Áreas del Sistema Nacional de Áreas Protegidas – SINAP.

Humedales Ramsar, Páramos, Manglares (cuando se trate de la Ejecución de obras de carácter privado en la red fluvial nacional y la construcción de vías férreas de carácter regional y/o variantes de estas tanto públicas como privadas. El ministerio deberá contar con un concepto sobre la conservación y el uso sostenible de dichos ecosistemas).

Otra:
Cuál:

PROYECTOS UBICADOS EN EL SISTEMA DE PARQUES NACIONALES NATURALES Y SUS ZONAS AMORTIGUADORAS

El Ministerio de Ambiente y Desarrollo Sostenible deberá contar con el concepto de la Unidad Administrativa Especial del Sistema de Parques Nacionales Naturales.

PROYECTOS UBICADOS EN AGUAS MARÍTIMAS, TERRENOS DE BAJAMAR Y PLAYAS

Las autoridades competentes deberán, en los casos en que los dragados de profundización de los canales de acceso a los puertos que no sean considerados como de gran calado y para la ejecución de obras privadas relacionadas con la construcción de obras duras (rompeolas, espolones, construcción de diques) y de regeneración de dunas y playas, solicitar concepto al Instituto de Investigaciones Marinas y Costeras José Benito Vives de Andréis (Invemar) sobre los posibles impactos ambientales en los ecosistemas marinos y costeros que pueda generar el proyecto, obra o actividad objeto de licenciamiento ambiental.

PRONUNCIAMIENTO AUTORIDAD AMBIENTAL COMPETENTE

Levantamiento de Veda

Sustracción de Áreas de Reserva Forestales Nacionales

Otra:
Cuál:

Documentos a radicar en la solicitud de Licencias Ambientales®

El interesado en el proyecto a licenciar, deberá informar a la autoridad ambiental sobre la superposición, quien a su vez deberá comunicar tal situación al titular de la licencia ambiental objeto de superposición con el fin de que conozca dicha situación y pueda pronunciarse al respecto en los términos de ley. Para esto se puede presentar un acuerdo entre las partes

3.2. Procedimiento para el trámite de Licencia Ambiental

A continuación, se resumen los pasos que de manera general contempla el procedimiento para la obtención de Licencia Ambiental. La línea de tiempo siguiente explica este proceso con sus respectivos tiempos y cronología.

Figura 10
Línea de tiempo Evaluación EIA[30]

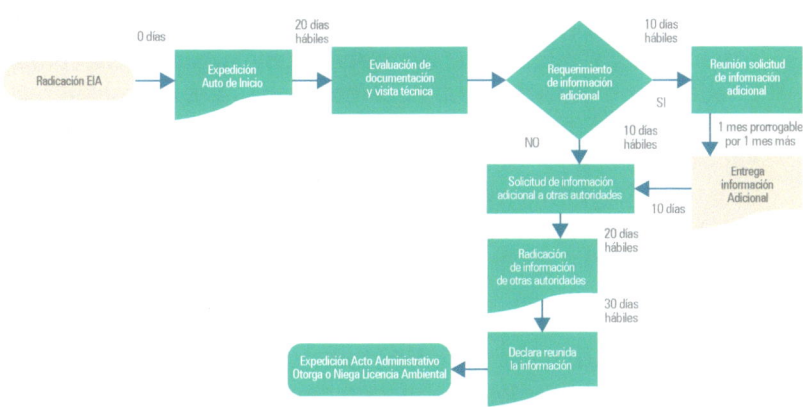

En un escenario ideal, un proceso de licenciamiento ambiental es de ochenta (80) días hábiles (aproximadamente 4 meses), sin solicitud de información adicional ni audiencia pública.

3.2.1. Auto de Inicio

Se expide una vez la autoridad ambiental considere que la solicitud cumple con todos los requisitos establecidos en el Decreto 1076 de 2015. De igual manera en esta etapa, la Autoridad Ambiental revisa que la Geodatabase (GDB) del proyecto esté conforme a lo establecido mediante Resolución 1415 de 2012 y que corresponda a las características ambientales descritas en el Estudio de Impacto Ambiental.

El Auto de inicio es el primer acto administrativo que emite la autoridad ambiental. Posteriormente la autoridad podrá solicitar conceptos técnicos o información pertinente a otras entidades.

3.2.2. Visita de evaluación al área del proyecto

Según lo determina la norma, no es posible que la autoridad

---

30. **Decreto 1076 de 2015.** Artículo 2.2.2.3.6.3. De la evaluación del estudio de impacto ambiental.

ambiental decida de fondo sin que se realice una visita al área del proyecto, siendo esta la oportunidad en la que la empresa, puede exponer el estudio de impacto ambiental e identificar y despejar las dudas del equipo evaluador.

3.2.3. Audiencia de Requerimiento de información adicional
Es usual que en el proceso de evaluación la autoridad solicite a la empresa información adicional que considere pertinente. La Autoridad Ambiental cita a la empresa a una reunión en donde expone cada punto que se debe complementar. La empresa puede aceptar, solicitar ajustes al requerimiento o interponer recurso de reposición cuando no esté de acuerdo con un requerimiento específico, el cual se resolverá en la misma reunión y se levantará un acta con los requerimientos finales que la empresa debe entregar en un mes, prorrogable un mes más. La Autoridad Ambiental podrá archivar si la empresa no entrega la información solicitada.

3.2.4. Auto que declara reunida toda la información para decidir
Allegada toda la información por parte del interesado y de los terceros cuando así se requiera, la autoridad ambiental expedirá el auto que declara reunida toda la información para decidir de fondo. Antes de la expedición de este auto, es posible allegar al trámite, información sobre el proyecto para que sea tenida en cuenta dentro del proceso de licenciamiento.

3.2.5. Órganos consultivos adicionales dentro del trámite de licenciamiento
Antes de la decisión de fondo del trámite de licenciamiento ambiental, se pueden activar tanto el consejo técnico consultivo que establece el Decreto 3573 de 2011 (que crea la Agencia Nacional de Licencias) como el comité que establece el artículo 224 de la Ley 1450 de 2011 (por la cual se expide el Plan Nacional de Desarrollo 2010-2014).

El consejo técnico se creó para asesorar a la Dirección General de la ANLA, el cual se reunirá cuando la dirección así lo solicite, realizando las recomendaciones sobre los temas según el Sistema Técnico de Clasificación.

Por su parte el comité se creó para establecer un plan de acción obligatorio cuando los trámites de licencia ambiental superen los noventa (90) días después emitido el auto que declare reunida toda la información, con el fin de que en un plazo menor a treinta (30) días la autoridad ambiental esté en posibilidad de decidir sobre la licencia ambiental.

3.2.6. Resolución que decide el otorgamiento de la licencia ambiental

La Autoridad Ambiental mediante resolución motivada, otorgará o negará la licencia ambiental, Contra este acto administrativo procede recurso de reposición ante el mismo funcionario que la expidió solicitándole que revise su decisión. Esta acción suspende los términos y no queda en firme ninguna parte del contenido del acto administrativo recurrido. Si bien no existe un término estricto para resolver el recurso[31], se entiende que la entidad cuenta con dos (2) meses aproximadamente; sin embargo si en cuatro meses el recurso no se ha resuelto, se puede legalmente considerar que opera el silencio administrativo negativo y se puede demandar ante la jurisdicción contenciosa administrativa.

Si existen terceros intervinientes constituidos dentro del proceso de licenciamiento, la Autoridad Ambiental les debe notificar la Resolución para que puedan interponer recurso de reposición y controvertir las decisiones de la Autoridad si no están de acuerdo con la decisión.

3.2.7. Audiencia Pública

El mecanismo de Audiencia Pública, no es obligatorio para el trámite de Licencia Ambiental, pero puede ser solicitada en cualquier momento del proceso y previo al acto administrativo que declare reunida toda la información para decidir, tal como lo señala el Decreto 1076 de 2015 en su artículo 2.2.2.4.1.1. y siguientes que establece entre otros que *"la celebración de una audiencia pública ambiental puede ser solicitada por el Procurador General de la Nación o el Delegado para Asuntos Ambientales y Agra-*

---

31. Ley 1437 de 2011, no señaló de manera expresa un término para resolver los recursos de reposición o apelación, pues en su artículo 80, al referirse sobre la decisión de los recursos solo se detiene a señalar que *"Vencido el período probatorio, si a ello hubiere lugar, y sin necesidad de acto que así lo declare, deberá proferirse la decisión motivada que resuelva el recurso"*

rios, el Defensor del Pueblo, el Ministro de Ambiente y Desarrollo Sostenible, los Directores Generales de las demás autoridades ambientales, los gobernadores, los alcaldes o por lo menos cien (100) personas o tres (3) entidades sin ánimo de lucro".

La autoridad ambiental competente se pronunciará sobre la pertinencia o no de convocar su celebración. En caso de que no se cumplan los requisitos, la autoridad ambiental competente negará la solicitud. Lo anterior no obsta para que una vez subsanadas las causales que motivaron dicha negación, se presente una nueva solicitud.

Los términos para decidir de fondo la solicitud de licencia ambiental, se suspenderán desde la fecha de fijación del edicto a través del cual se convoca la Audiencia Pública, hasta el día de su celebración.

De surtirse la Audiencia Pública, el expositor por parte de la empresa, deberá ser alguien que tenga un lenguaje claro y sencillo y que no genere rechazo por parte de la comunidad.

No obstante que durante el desarrollo de la Audiencia, la comunidad manifieste su oposición al proyecto, la decisión de fondo de la autoridad ambiental, se sustentará en los argumentos técnicos que reposan en el expediente y los que entreguen los participantes durante la misma.

Figura 11
Línea de tiempo Audiencia Pública

En un escenario ideal, el tiempo entre la solicitud de Audiencia Pública y su celebración sería mínimo de treinta y cinco (35) días hábiles.

La norma establece que debe pasar mínimo treinta (30) días hábiles entre la convocatoria mediante edicto y la resolución que otorga o niega la Licencia Ambiental por lo que se estima que en caso de solicitud de Audiencia Pública se debe tener en cuenta un tiempo de trámite adicional de cuarenta y cinco (45) días hábiles como mínimo para la realización de la Audiencia Pública.

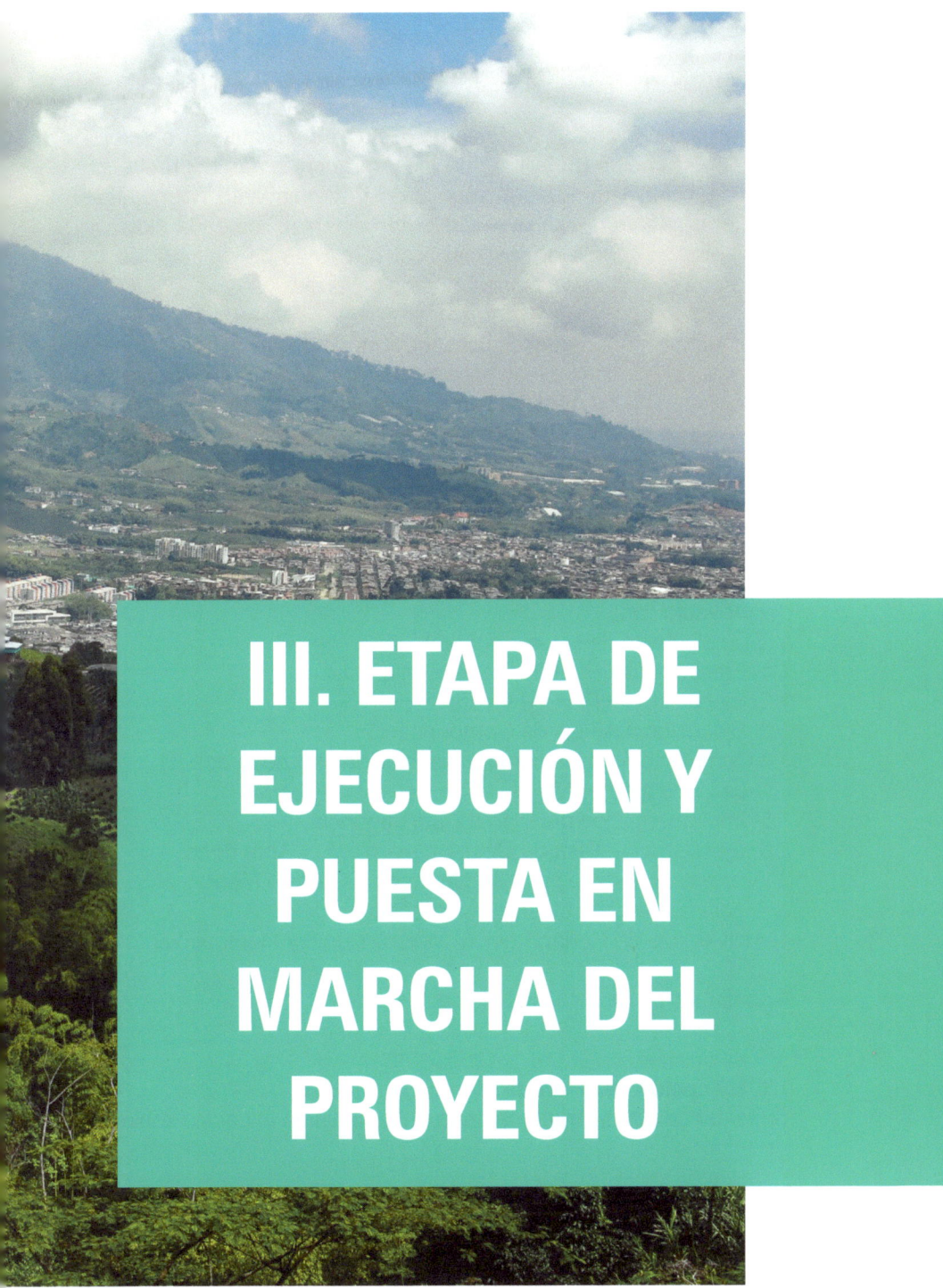

III. ETAPA DE EJECUCIÓN Y PUESTA EN MARCHA DEL PROYECTO

Una vez obtenida la Licencia Ambiental y los permisos respectivos, se da inicio a la etapa de ejecución y puesta en marcha del proyecto, a lo largo de la vida útil del mismo. Esta etapa requiere de la interacción del equipo de trabajo de las diferentes áreas del proyecto, y es esencial garantizar un monitoreo y seguimiento permanente del cumplimiento de los requerimientos establecidos en la Licencia Ambiental, así como en los respectivos planes de manejo, de tal forma que se eviten sanciones, multas o cierres.

Al respecto es importante recalcar que el incumplimiento del contenido de los actos administrativos expedidos por la Autoridad dará lugar a la imposición de las medidas preventivas y sanciones dispuestas por la Ley 1333 de 2009[32]; las sanciones por incumplimiento incluyen erogaciones económicas, cierre y demolición de las obras, hasta la revocatoria de la Licencia Ambiental.

En este sentido, las principales actividades a considerar en términos socioambientales durante la etapa de ejecución y puesta en marcha del proyecto son:
1. Cumplimiento de la Licencia Ambiental.
1.1 Ejecución del Plan de Manejo Ambiental.
1.2. Ejecución del Plan de Inversión del 1%.
1.3. Ejecución del Plan de Compensación.
1.4 Cumplimiento a los compromisos sociales y acuerdos
      de Consulta Previa.
1.5. Implementación del Plan de Contingencia.
1.6. Ejecución del Plan de Desmantelamiento y Abandono.
2. Ajustes al proyecto por Giro Ordinario o Cambio Menor.
3. Modificación de la Licencia Ambiental.
4. Actividades de Rehabilitación, Mejoramiento y Mantenimiento.

A continuación se detallan estas actividades:

1. CUMPLIMIENTO DE LA LICENCIA AMBIENTAL
1.1. Ejecución del Plan de Manejo Ambiental
Teniendo en cuenta que una parte del Estudio de Impacto Ambiental

---

32. **La Ley 1333 de 2009** en su artículo 36 establece la suspensión de obras o actividades cuando *"pueda derivarse daño o peligro para el medio ambiente, los recursos naturales, el paisaje o la salud humana o cuando el proyecto, obra o actividad se haya iniciado sin permiso, concesión, autorización o licencia ambiental o ejecutado incumpliendo los términos de los mismos".*

lo compone el Plan de Manejo[33], este debe ser gestionada por parte del equipo interdisciplinario, de tal forma que se garantice el cumplimiento de las actividades allí establecidas y de las fichas de manejo ambiental presentadas para el manejo de los impactos ambientales, las cuales serán verificadas por parte de la autoridad ambiental de manera periódica.

En el desarrollo de las funciones de seguimiento y control, la Autoridad Ambiental podrá realizar, entre otras actividades, visitas al lugar donde se desarrolla el proyecto, hacer requerimientos, imponer obligaciones ambientales, corroborar técnicamente o a través de pruebas los resultados de los monitoreos realizados por el beneficiario de la Licencia Ambiental.

Dependiendo la particularidad de la Licencia Ambiental, se establecen las obligaciones impuestas a la empresa y la temporalidad para su cumplimiento; para el efecto se debe, una vez en firme el acto administrativo que otorga la licencia, enviar un oficio previo al inicio de las actividades informando la fecha en que se iniciarán las labores aprobadas por la Licencia Ambiental.

Una vez identificadas las obligaciones establecidas en la Licencia Ambiental, se traducen en un documento de seguimiento con alertas, buscando que los términos no se venzan y se presenten en tiempo los documentos ante la Autoridad Ambiental, se realicen las obras en campo y se ejecuten estrictamente los estudios o monitoreos correspondientes.

La matriz de seguimiento de las obligaciones, obras y compromisos ambientales, se traduce en un modelo financiero que debe costear la empresa que desarrolla el proyecto y que se debe considerar año a año en los costos de producción y/o operación del mismo.

Así las cosas, con el propósito de garantizar el cumplimiento y efectividad de los compromisos asumidos ante la autoridad ambien-

---

33. **De Decreto 1076 de 2015** Artículo 2.2.2.3.1.1. Definiciones. *"el Plan de Manejo Ambiental es el conjunto detallado de medidas y actividades que, producto de una evaluación ambiental, están orientadas a prevenir, mitigar, corregir o compensar los impactos y efectos ambientales debidamente identificados, que se causen por el desarrollo de un proyecto, obra o actividad. Incluye los planes de seguimiento, monitoreo, contingencia, y abandono según la naturaleza del proyecto, obra o actividad."*

tal competente, la empresa deberá presentar periódicamente los Informes de Cumplimiento Ambiental (ICA), donde se consignan las actividades y obras tendientes al cumplimiento de la licencia, de tal forma que se convierta en un instrumento de prevención, seguimiento y control, enfocado al autocontrol y al mejoramiento continuo de la gestión ambiental.

1.2. Ejecución del Plan de Inversión del 1 %

En caso de que el Proyecto involucre en su ejecución el uso del agua tomada directamente de fuentes naturales (superficiales y/o subterráneas) y que esté sujeto a la obtención de Licencia Ambiental, deberá destinar el 1 % del total de la inversión para la recuperación, conservación, preservación y vigilancia de la cuenca hidrográfica que alimenta la respectiva fuente hídrica.[34]

En este sentido, dado que el Estudio de Impacto Ambiental debe contar con un capítulo denominado Plan de Inversión del 1 %, es necesario garantizar el cumplimiento del mismo durante la etapa de Ejecución y puesta en marcha del proyecto, realizando las respectivas actividades e inversiones propuestas, de tal manera que se de alcance a las metas y objetivos propuestos.

La autoridad ambiental competente, dentro de sus actividades de control y seguimiento verificará el cumplimiento en la implementación del plan de inversión del 1 %.

Así mismo, dentro de los seis (6) meses siguientes a la fecha de entrada en operación del proyecto, se deberá presentar ante la Autoridad Ambiental competente la liquidación de las inversiones efectivamente realizadas (las cuales deberán estar certificadas por el respectivo contador público o revisor fiscal) con el fin de ajustar el valor de la inversión del 1 %, si es el caso.

Si el proyecto es de la competencia de la Autoridad Nacional de Licencias Ambientales ANLA, los proyectos de inversión relacionados con la compensación deben ser concertados con la Corporación o Corporaciones Autónomas Regionales de la jurisdicción del proyecto, de no lograrse esta concertación se

---

31. **Decreto 1076.** Articulo 2.2.9.3.1.1 y siguientes "por el cual se reglamenta la inversión forzosa del 1 %.

deberán allegar los documentos que demuestren la gestión del titular de la licencia tendiente a buscar ese acuerdo.

1.3. Ejecución del Plan de Compensación

Como se mencionó anteriormente, dependiendo de las particularidades del proyecto, se puede requerir la sustracción de áreas de reserva forestal o del levantamiento de veda. Estas dos actividades, traen implícita la obligación de realizar una serie de compensaciones bióticas, que deben ser implementadas durante la etapa de Ejecución y puesta en marcha del proyecto, así como aquellas de compensación por pérdida de biodiversidad[35] y cambio de uso del suelo establecidas por la autoridad ambiental competente.

1.4. Cumplimiento a los compromisos sociales y acuerdos de Consulta Previa

Con el propósito de mantener un adecuado relacionamiento, así como garantizar procesos transparentes que garanticen la sostenibilidad del proyecto a largo plazo, es importante establecer mecanismos claros de interacción, relacionamiento, comunicación y cooperación con las comunidades presentes en el área de influencia del proyecto. En este sentido se debe dar cumplimiento a las actividades en términos sociales establecidas en los Planes de Manejo Ambiental y Plan de Seguimiento y Monitoreo que forman parte del Estudio de Impacto Ambiental, así como dar cumplimiento a los acuerdos establecidos con las comunidades durante el proceso de Consulta Previa.

Así mismo, de acuerdo con las políticas internas de responsabilidad social empresarial, se pueden plantear proyectos de capacitación, apoyo al desarrollo de procesos productivos, generación de empleo, entre otros, de tal forma que se promueva el relacionamiento y acercamiento continuo con las comunidades, entendiendo sus necesidades, intereses y expectativas.

En cuanto a los acuerdos de Consulta Previa se recomienda durante la fase de construcción, realizar al menos un taller trimestral y durante la fase de operación al menos un taller anual de seguimiento, que podrá desarrollarse con el acompañamiento del Ministerio del

---

35. **Resolución No. 1517 de 2012.** *"Por la cual se adopta el Manual para la Asignación de Compensaciones por Pérdida de Biodiversidad."*

Interior o solamente con la empresa.

Una vez finalizado el proyecto, el Ministerio del Interior verifica el cumplimiento de los acuerdos y dará por terminada la Consulta Previa y se dará por clausurado el proceso. Para el efecto se levantará un Acta de Cierre de la Consulta Previa, suscrita por el Ministerio Público, el Ministerio de Ambiente y Desarrollo Sostenible, la Empresa y la o las comunidades.

1.5. Implementación del Plan de Contingencia
El Plan de Contingencia es una herramienta cuya estructura estratégica y operativa, ayudará a controlar las situaciones de emergencia y minimizar sus posibles consecuencias negativas ante un evento de situación de riesgo que pueda atentar especialmente contra la salud e integridad física de los trabajadores o contratistas, los activos de la empresa (infraestructura, equipos), las comunidades y el medio ambiente.

El plan de contingencia busca valorar los riesgos y presentar los lineamientos para prevenir, atender y controlar eficazmente las situaciones que se presenten en los proyectos que incluya la actuación para derrames, incendios, fugas, emisiones y/o vertimientos por fuera de los límites permitidos y debe contemplar como mínimo:
- Cobertura geografía y áreas del proyecto que pueden ser afectados por una emergencia.
- Análisis de las amenazas (internas y externas) del proyecto, la evaluación de consecuencias de los eventos amenazantes sobre elementos identificados como vulnerables, así como los niveles de aceptabilidad del riesgo. Se deberá evaluar el escenario para cada caso.
- Identificación de los recursos necesarios y valoración de la capacidad de respuesta del proyecto ante una emergencia.
- Diseño de las estrategias de atención de la emergencia para cada escenario que haya sido valorado en el análisis de riesgos.
- Plan operativo donde se definen las acciones y decisiones para afrontar la emergencia, según los recursos disponibles.
- La información de apoyo logístico, equipos, infraestructura del área de influencia, entre otros, que sirve de base para la adecuada atención de la emergencia.

Salvo para derrames de hidrocarburos, no existe norma específica para otro tipo de contingencias y se deben usar como mínimo los lineamientos descritos, que son los que se señalan en la Metodología Nacional para la elaboración de Estudios de Impacto Ambiental y tomar como referencia los lineamientos y directrices impartidas en las Guías Ambientales del Ministerio de Ambiente Vivienda y Desarrollo Sostenible.

Estos protocolos de contingencia deben estar definidos y organizados desde el inicio de la operación para que puedan ser activados en cualquier momento y se demuestre a la Autoridad Ambiental su eficiencia, teniendo en cuenta que solo se cuenta con veinticuatro (24) horas para informar sobre las contingencias que ocurran en el proyecto[36], y será la autoridad quien determine la necesidad de verificar los hechos, las medidas ambientales implementadas para corregir la contingencia y podrá imponer medidas adicionales en caso de ser necesario.

36. **Decreto 1076 de 2015.** Artículo 2.2.2.3.9.3. Contingencias ambientales. *"Si durante la ejecución de los proyectos obras, o actividades sujetos a licenciamiento ambiental se presentan incendios, derrames, escapes, parámetros de emisión y/o vertimientos por fuera de los límites permitidos o cualquier otra contingencia ambiental, el titular deberá ejecutar todas las acciones necesarias con el fin de hacer cesar la contingencia ambiental e informar a la autoridad ambiental competente en un término no mayor a veinticuatro (24) horas.*
La autoridad ambiental determinará la necesidad de verificar los hechos, las medidas ambientales implementadas para corregir la contingencia y podrá imponer medidas adicionales en caso de ser necesario.
Las contingencias generadas por derrames de hidrocarburos, derivados y sustancias nocivas, se regirán además por lo dispuesto en el Decreto 321 de 1999 o la norma que lo modifique o sustituya".

1.6. Ejecución del Plan de Desmantelamiento y Abandono

Esta es una fase común para todo tipo de proyecto y la norma así lo señala cuando expresamente identifica esta fase, sin embargo, en la elaboración del Estudio de Impacto Ambiental, según la metodología se deben tener en cuenta los siguientes aspectos, para las áreas e infraestructura intervenidas de manera directa por el proyecto:

- Presentar una propuesta de uso final del suelo en armonía con el medio circundante.
- Señalar las medidas de manejo y reconformación morfológica y paisajística que garanticen la estabilidad, restablecimiento de la cobertura vegetal, según aplique al proyecto y en concordancia con la propuesta de uso final del suelo.
- Presentar una estrategia de información a las comunidades y autoridades del área de influencia acerca de la finalización del proyecto y de la gestión social.
- Presentar los indicadores de los impactos acumulativos y de los resultados alcanzados con el desarrollo de los programas del plan de gestión social-PGS.

Es decir, que el mismo acto administrativo que otorga la Licencia Ambiental define e impone las obligaciones para el cierre y abandono según el objeto del proyecto y desde el inicio del otorgamiento se debe definir al interior de la empresa cuáles de estas medidas, obras o instalaciones tendientes al cierre, deben ser costeadas en el modelo financiero del proyecto.

El Decreto 1076 de 2015[37], señala el contenido mínimo del estudio de la fase de desmantelamiento y abandono y establece que la necesidad de presentar a la Autoridad Ambiental competente, por lo menos con tres (3) meses de anticipación al inicio de la fase de desmantelamiento y abandono, un estudio con la identificación de los impactos ambientales de dicha fase, los planes de manejo a imple-

---

37. **Decreto 1076 de 2015**: Artículo 2.2.2.3.9.2. De la fase de desmantelamiento y abandono. *"Cuando un proyecto, obra o actividad requiera o deba iniciar su fase de desmantelamiento y abandono, el titular deberá presentar a la autoridad ambiental competente, por lo menos con tres (3) meses de anticipación, un estudio que contenga como mínimo: a) La identificación de los impactos ambientales presentes al momento del inicio de esta fase. b) El plan de desmantelamiento y abandono; el cual incluirá las medidas de manejo del área, las actividades de restauración final y demás acciones pendientes. c) Los planos y mapas de localización de la infraestructura objeto de desmantelamiento y abandono. d) Las obligaciones derivadas de los actos administrativos identificando las pendientes por cumplir y las cumplidas, adjuntando para el efecto la respectiva sustentación".*

mentar, obligaciones de los actos administrativos, costo, entre otros. La Autoridad Ambiental en un término máximo de un (1) mes verificará el estado del proyecto y declarará iniciada dicha fase mediante acto administrativo, en el que dará por cumplidas las obligaciones ejecutadas e impondrá el plan de desmantelamiento y abandono que incluya además el cumplimiento de las obligaciones pendientes y las actividades de restauración final.

Una vez declarada esta fase, la empresa deberá allegar en los siguientes cinco (5) días hábiles, una póliza que ampare los costos de las actividades descritas en el plan de desmantelamiento y abandono, la cual deberá estar constituida a favor de la Autoridad Ambiental competente y cuya renovación deberá ser realizada anualmente y por tres (3) años más luego de terminada la fase de desmantelamiento. Una vez cumplida esta fase, la Autoridad Ambiental competente, mediante acto administrativo, dará por terminada la Licencia Ambiental.

Es importante que a medida que se termina la construcción se vaya reportando la ejecución en los Informes de Cumplimiento Ambiental - ICAs, de modo que se vayan cerrando parcialmente las obligaciones una vez cumplidas y el seguimiento se circunscriba exclusivamente a temas que trascienden el tiempo de la construcción por ejemplo compensación forestal o aspectos sociales.

Lo anterior, facilitará las integraciones de los diferentes instrumentos ambientales que tenga el proyecto, por cuanto para un mismo contrato de concesión es común que existan varias licencias ambientales por tramos, por sectores o por unidades funcionales según el caso.

2. AJUSTES AL PROYECTO POR GIRO ORDINARIO O CAMBIO MENOR

En caso de requerir realizar ajustes o cambios al proyecto, establece el Decreto 1076 de 2015 en su artículo 2.2.2.3.7.1. que *"para aquellas obras que respondan a modificaciones menores o de ajuste normal dentro del giro ordinario de la actividad licenciada y que no impliquen nuevos impactos ambientales adicionales a los inicialmente identificados y dimensionados en el estudio de impacto ambiental, el titular de la licencia ambiental, solicitará mediante escrito y anexando la información de soporte, el pronunciamiento de la autoridad ambiental competente sobre la necesidad o no de adelantar el trámite de modificación de la licencia ambiental, quien se pronunciará mediante oficio en un término máximo de veinte (20) días hábiles".* De igual manera establece que *"en materia de cambios menores o ajustes normales en proyectos de infraestructura de transporte se deberá atender a la reglamentación expedida por el Gobierno Nacional en cumplimiento de lo dispuesto en el artículo 41 de la Ley 1682 de 2013".*

En los casos en que la actividad este listada textualmente como cambio menor en el Decreto 1076 de 2015[38], no se requerirá la solicitud de pronunciamiento, solo debe mediar un informe previo a la intervención con destino al expediente para efectos de seguimiento de la autoridad ambiental. Es de advertir que en el evento que de manera posterior, la autoridad establezca que el cambio no corresponde a un giro ordinario, podrá imponer las sanciones a que haya lugar.

3. MODIFICACIÓN DE LA LICENCIA AMBIENTAL

Cuando el proyecto se encuentre dentro de los siguientes casos,

será necesario modificar la Licencia Ambiental conforme con el Decreto 1076 de 2015 artículo 2.2.2.3.7.1.

1. *"Cuando el titular de la Licencia Ambiental pretenda modificar el proyecto, obra o actividad de forma que se generen impactos ambientales adicionales a los ya identificados en la Licencia Ambiental.*

2. *Cuando al otorgarse la Licencia Ambiental no se contemple el uso, aprovechamiento o afectación de los recursos naturales renovables, necesarios o suficientes para el buen desarrollo y operación del proyecto, obra o actividad.*

3. *Cuando se pretendan variar las condiciones de uso, aprovechamiento o afectación de un recurso natural renovable, de forma que se genere un mayor impacto sobre los mismos respecto de lo consagrado en la Licencia Ambiental.*

4. *Cuando el titular del proyecto, obra o actividad solicite efectuar la reducción del área licenciada o la ampliación de la misma con áreas lindantes al proyecto.*

5. *Cuando el proyecto, obra o actividad cambie de Autoridad Ambiental competente por efecto de un ajuste en el volumen de explotación, el calado, la producción, el nivel de tensión y demás características del proyecto.*

6. *Cuando como resultado de las labores de seguimiento, la autoridad identifique impactos ambientales adicionales a los identificados en los estudios ambientales y requiera al licenciatario para que ajuste tales estudios.*

7. *Cuando las áreas objeto de licenciamiento ambiental no hayan sido intervenidas y estas áreas sean devueltas a la autoridad competente por parte de su titular.*

8. *Cuando se pretenda integrar la Licencia Ambiental con otras licencias ambientales."*

Los requisitos para la modificación se encuentran descritos en el Decreto 1076 del 2015[39]. A continuación, se presenta un diagrama, en el cual se especifican las actividades y tiempos asociados a dicho trámite ante la autoridad ambiental.

---

38. **En el Decreto 1076 de 2015.** Artículo 2.2.2.6.1.1., se establece el listado de las actividades consideradas modificaciones menores o de ajuste normal dentro del giro ordinario de los proyectos sometidos a Licencia Ambiental o Plan de Manejo Ambiental para el sector de infraestructura de transporte, en todos sus modos, el cual es de obligatoria consulta en el momento de requerir un ajuste del proyecto.

39. **Decreto 1076 de 2015.** Artículo 2.2.2.3.7.1. Modificación la licencia ambiental.

Figura 12
Línea de tiempo Evaluación Modificación Licencia Ambiental[40]

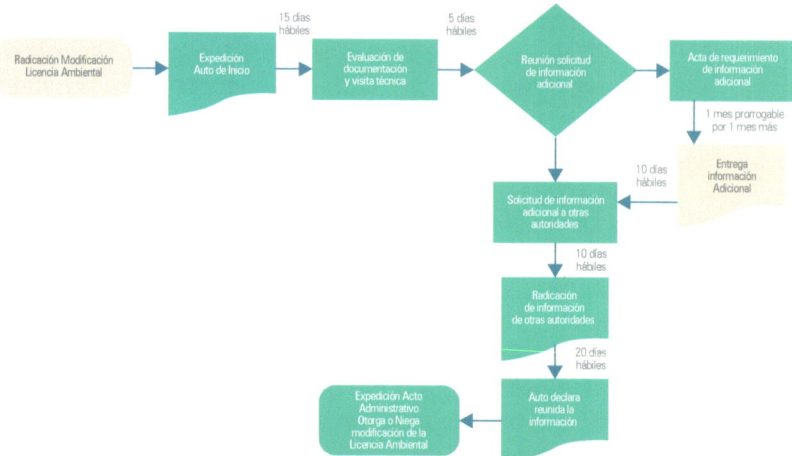

Si no se considera pertinente la visita, la autoridad ambiental dispondrá de cinco (5) días hábiles para realizar la reunión de información Adicional. El solicitante contará con un (1) mes para allegar la información adicional; este tiempo podrá ser prorrogado hasta por un (1) mes más.

En un escenario ideal, el tiempo entre la radicación del EIA y la resolución que otorga o niega la modificación de la Licencia

---

40. **Decreto 1076 de 2015.** Artículo 2.2.2.3.8.1. Trámite para la modificación de la licencia ambiental.

Ambiental sería de cincuenta y cinco (55) días hábiles (sin solicitud ni radicación de información adicional). Dicho tiempo se puede reducir máximo diez (10) días hábiles más si la autoridad no considera necesario realizar visita al área del Proyecto.

Al respecto, es importante tener en cuenta que, en caso de requerir la ampliación de áreas del proyecto de acuerdo con lo inicialmente licenciado, se deberá presentar el certificado del Ministerio del Interior sobre la presencia o no de comunidades étnicas y de existencia de territorios colectivos y en caso tal, haber realizado el respectivo proceso de Consulta Previa.

4. ACTIVIDADES DE REHABILITACIÓN, MEJORAMIENTO Y MANTENIMIENTO

Para las obras viales ya existentes, el Instituto Nacional de Vías (INVÍAS), en el marco del manejo ambiental de los proyectos de infraestructura, subsector vial, estructuró un documento que refleja los avances en gestión ambiental y social para los proyectos viales dentro de la red nacional, esta se denominó "Cartilla de manejo ambiental para las obras de rehabilitación, mejoramiento, mantenimiento y pavimentación del subsector vial", el cual tiene como propósito fundamental mejorar la planeación, seguimiento y control ambiental y social durante la diferentes etapas del ciclo de los proyectos que no requieren de Licencia Ambiental para su ejecución.

El documento deberá incluir una información clara y actualizada de las normas aplicables, de los procedimientos a seguir ante las autoridades ambientales para la gestión de permisos por uso e intervención de recursos naturales, insumos básicos para la ejecución de las obras viales que necesita el país.

Además, deberá consolidar, unificar criterios y alcances de la gestión socioambiental con la definición de los programas, acciones y medidas a desarrollar durante la ejecución de las obras, información que permitirá asegurar el respeto al entorno natural y social, así mismo que los proyectos se ejecuten dentro de las Buenas Prácticas de Ingeniería.

En el capítulo de Prefactibilidad del proyecto se presentaron los requerimientos para la construcción, mejoramiento y mantenimiento de proyectos viales en el sector de infraestructura.

CONSIDERACIONES FINALES

En esta guía se han incluido en forma cronológica, las consideraciones ambientales y sociales que deben tenerse en cuenta en las etapas de prefactibilidad, factibilidad, ejecución y puesta en marcha de un proyecto de infraestructura.

En la etapa de prefactibilidad se hizo énfasis en aquellas determinantes ambientales y los costos asociados que una empresa debe incluir en su análisis con el objetivo de minimizar sus riesgos de inversión, a la vez que considera de manera temprana, aquellos elementos que se deben agregar al diseño para lograr un proyecto sostenible en el largo plazo. De igual manera se hace una identificación de los requerimientos previos a considerar en el trámite de licenciamiento en el evento que se decida invertir en el proyecto.

Es claro que todo constructor busca que su proyecto de infraestructura genere aceptación y se adapte a la dinámica de la región. Una clave de éxito radica en realizar un proceso de planificación a conciencia y con rigor, que permita incluir las variables ambientales y sociales desde el momento en que se concibe el proyecto.

En la etapa de factibilidad se presentó un paso a paso para que los estudios consideren información ambiental y social relevante que generen confianza para la toma de decisiones y sean la base para atender los futuros requerimientos, no sólo de las autoridades ambientales, sino también de las demás partes interesadas. De igual manera se mostró la secuencia en la cual se deben realizar los trámites asociados al proceso de licenciamiento ambiental con el fin de evitar reprocesos al no considerar algunos pasos que deben surtirse de manera previa.

Aquí el licenciamiento ambiental no debe verse como un trámite más a surtir antes de construir un proyecto. Sería una pérdida de tiempo y dinero no aprovechar este proceso para hacer una planificación del proyecto a conciencia que permita una ejecución sin mayores contratiempos. Seguramente la licencia ambiental por si sola no logrará la tan anhelada "Licencia Social" que todos los ejecutores quisieran obtener, pero es la base para construirla.

Finalmente en la etapa de ejecución y puesta en marcha del proyecto, se dio relevancia al cumplimiento de la licencia como la ruta crítica que marca la implementación del proyecto y que debe ser la base de la gestión ambiental de la empresa.

Más relevante que obtener una licencia ambiental, es su implementación conforme con lo planificado. Cumplir con todas las obligaciones establecidas en la licencia genera confianza, lo que en conjunto con los programas de responsabilidad social que las empresas desarrollan en sus áreas de influencia, permitirán construir proyectos que generen valor a las regiones y que se integren a la dinámica de vida de sus pobladores.

La invitación al lector es a adicionar experiencias, lecciones aprendidas y demás consideraciones que alimenten este manual para continuar con la gestión del conocimiento y aplicarlo en los proyectos venideros que esperamos sean suficientes y sostenibles por el bien del País y de nuestras futuras generaciones.

REFERENCIAS

Agencia Nacional de Infraestructura. (s.f.). Contrato de concesión bajo el esquema de APP.

Constitución Política de Colombia de 1991. (1991). Colombia.
Decreto 1076 de 2015. (26 de Mayo de 2015). Decreto Único Reglamentario del Sector Ambiente y Desarrollo Sostenible. Colombia.

Decreto 1320 de 1998. (13 de Julio de 1998). Colombia.

Decreto 1467 de 2012. (6 de Julio de 2012). Colombia.

Decreto 2201 de 2003. (5 de Agosto de 2003). Colombia.

Decreto 3573 de 2011 . (27 de Septiembre de 2011). Colombia.

Decreto-Ley 2811 de 1974. (18 de Diciembre de 1974). Código Nacional de Recursos Naturales Renovables y de Protección al Medio Ambiente. Colombia.

ICANH. (2010). Régimen Legal y Lineamientos Técnicos de los Programas de Arqueología Preventiva en Colombia. Obtenido de http://www.icanh.gov.co/?idcategoria=5769

Ley 1185 de 2008. (12 de Marzo de 2008). Colombia.

Ley 1333 de 2009. (21 de Julio de 2009). Colombia.

Ley 1437 de 2011. (18 de Enero de 2011). Colombia.

Ley 1450 de 2011. (16 de Junio de 2011). Colombia.

Ley 1508 de 2012. (10 de Enero de 2012). Colombia.

Ley 388 de 1997. (18 de Julio de 1997). Colombia.

Ley 99 de 1993. (22 de Diciembre de 1993). Colombia.

Martinez, G. (s.f.). Análisis de restricciones ambientales de la interconexión eléctrica Colombia – Panamá Tramo Colombiano. CIER, 54, 12-13.

Resolución 1415 de 2012 . (17 de Agosto de 2012). Colombia.

Resolución 1503 de 2010. (4 de Agosto de 2010). Colombia.

Resolución 1517 de 2012. (31 de Agosto de 2012). Colombia.

Resolución 1526 de 2012. (03 de Septiembre de 2012). Colombia.

Resolución 1552 de 2005. (20 de Octubre de 2005).

Resolución 192 de 2014. (10 de Febrero de 2014). Colombia.

UPME. (2015). Estrategia para consolidar la atractividad de la inversión en el sector minero colombiano. Subdirección de Minería, Bogotá.

www.ingramcontent.com/pod-product-compliance
Lightning Source LLC
Chambersburg PA
CBHW040825180526
45159CB00001B/73